KB043353

미서부, 같이 가줄래?

미서부, 같이 가줄래?

초판 1쇄 발행 2021년 2월 22일

글·사진 온정

펴낸이 김선기
펴낸곳 (주)푸른길
출판등록 1996년 4월 12일 제16-1292호
주소 (08377) 서울시 구로구 디지털로 33길 48 대륭포스트타워 7차 1008호
전화 02-523-2907, 6942-9570~2
팩스 02-523-2951
이메일 purungilbook@naver.com
홈페이지 www.purungil.co.kr
ISBN 978-89-6291-894-6 03980

미서부, 같이 가줄래?

푸른길

5월 1일, 샌프란시스코 공항.

　렌터카를 반납한 남편과 나는 가까스로 공항에 도착했다. 다행히 늦지는 않았지만 그렇다고 시간이 충분하지도 않았다. 헐레벌떡 뛰어가서 체크인을 한 뒤 출입국 심사를 받으려 줄을 섰다. 그제야 한숨 돌린 나는 고개를 들어 공항 천장을 보며 생각했다.

　'아…. 정말 떠나야 할 시간이구나.'

　친오빠와 헤어지며 눈물을 흘리던 기억이 서려 있는 샌프란시스코 공항. 이번엔 여기서 오빠를 떠나는 그런 슬픈 상황도 아닌데. 그저 신혼여행이 끝났고 우리는 일상으로 돌아가는 것뿐인데. 괜히 또 왈칵 눈물이 날 것만 같았다.

　빠듯하게 들어온 탓에 탑승 시간은 금방 찾아왔다. 그와 나는 앞으로 꼬박 열세 시간 동안 날아갈 비행기에 몸을 실었다. 이윽고 방송이 나왔다.

"저희 비행기는 인천공항까지 가는 A 항공 B 편입니다."

벌써 세상은 깜깜해졌다. 그저 주황색 불빛들만이 눈에 들어올 뿐이었다. 창가에 앉은 나는 옆에 앉아 있는 남편에게는 눈길도 주지 못한 채 그저 그 까만 창밖만을 응시했다.

'두다다다다다…'

비행기는 내 마음도 몰라준 채 거침없이 활주로를 질주하더니 이윽고 붕, 뜨기 시작했다.

그때였다. 갑자기 발가락 끝에서부터 시작해서 머리 꼭대기까지 열이 올라오는 것이었다. 내 손을 꼭 잡고 있는 남편의 손을 잠시 뿌리치고는 목을 만져 보았다. 불덩이마냥 뜨거웠다. 아니, 이게 뭐지? 열기와 함께 온몸이 가려워진 탓에 손톱으로 박박 긁어 보았지만 그런다고 해결될 문제 같지 않았다. 날 걱정하는 남편의 눈망울을 쳐다보다가 깨달았다.

"오빠. 아무래도 내 몸이 여길 떠나는 게 너무 싫어서 두드러기가 올라와 버린 것 같아."

머릿속에서 해변의 모래알 반짝이듯 여행의 모든 순간들이 반짝였다. 커내브에서 본 밤하늘이. 돌기둥 사이로 올라오던 붉은 태양이. 소란스럽게 내 얼굴을 파묻던 남편의 등판이. 샌프란시스코에 떠오르던 거대한 달이.

이윽고, 난 눈을 감고 심호흡을 시작했다.

'슬퍼할 이유가 뭐 있어? 정말 행복했잖아. 이 기억들을 잘 간직해 두었다가 다음에 또 찾아오면 되는 거야. 괜찮아. 괜찮아…?'

나 자신에게 거는 주문에 거짓말처럼 두드러기가 가라앉았다. 샌프란시스코 땅에서 떨어지는 순간 나도 모르게 큰 스트레스를 받은 모양이다. 그나마 일찍 알아채서 다행이지 하마터면 열세 시간 동안 좁은 좌석에서 온몸을 긁을 뻔했다.

열흘 동안의 여정 속에는 인생의 행복과 역경이 모두 담겨 있었다. 난 그곳에서 보고, 듣고, 사랑하고, 아프고, 고민하고, 회상하고, 후회했던 모든 감각들을 기록했다. 그 기억이, 그 냄새가, 그 감정들이 너무나도 소중해서. 도무지 기록하지 않을 수 없었던 미서부 신혼여행 이야기.

그토록 찬란하게 빛났던, 우리의 이야기를 시작해 보려 한다.

이야기 하나
미 서부 대자연 로드트립

이야기 하나

미서부 대자연 로드트립

#01
결혼식이 끝나고 미국 땅을 밟기까지

DAY 1

'정말 끝난 건가…?'

꼭두새벽부터 받은 두꺼운 메이크업과 헤어를 인천공항의 한 칸짜리 샤워실에서 열심히 지우고 씻어 냈다. 어휴, 마치 다시 태어나는 의식이라도 치르듯 후련했다. 이 긴 머리를 고정하겠다고 스프레이를 얼마나 많이 뿌린 건지, 또 실핀은 왜 이리 빼도 빼도 어딘가에서 또 튀어나오는 건지. 갑갑한 화장과 딱딱한 스프레이가 씻겨 내려가는 동시에 결혼식의 부담감과 긴장감도 함께 씻겨 내려가는 듯했다. 그리고 드디어 샌프란시스코로 향하는 비행기 안. 창밖을 바라보며 오늘 하루를 되돌아보고 있자니 슬슬 피로가 밀려왔다.

누군가와 결혼을 한다는 사실부터가 인생에 있어 중대한 일 중 하나이지만, 예식 또한 그에 못지않게 보통 일은 아니었다. 몇 시간 안에 끝나 버리지만 준비할 일은 끝이 없었던 결혼식. 해외여행을 가서 작은 결혼식을 올리고팠던 나의 로망은 이루지 못했어도, 적어도 뻔하고 지루한 결혼식이 되는 것만은 막고 싶었다. 그래서 소소한 부분에 우리의 손길을 많이 녹여 냈다. 우리가 평소 찍은 사진을 예식장에 직접 진열한다든지, 식 중에 우리 둘을 소개하는 PPT 발표를 한다든지 하는 방식으로 말이다. 그 덕에 보편적이면서도 나름 우리다운 결혼식을 완성했다. 우린 각자 지극히 평범한 사람이지만, 함께할 때 더욱 빛난다는 사실을 새삼 느꼈다. 우리 둘만이 낼 수 있는 고유한 색깔이 존재한다는 것도.

이처럼 '결혼식'이라는 큰 산을 넘고 나면 대부분의 커플은 휴양지로 훌쩍 떠나서는 지친 심신을 위로하곤 한다. 하지만 결국 우리는 미국 여행을 선택했다. 그것도 결혼식 당일 출발하는 비행기로다가. 이번 여행은 샌프란시스코를 경유하여 라스베이거스에 도착, 그 후 그랜드서클(애리조나, 유타, 콜로라도, 뉴멕시코주를 포함하는 미국 서부의 광활한 대자연을 뜻한다.)을 시계 방향으로 돌며 로드트립을 한 뒤, 다시 샌프란시스코로 돌아가 며칠을 보내는 일정이었다. 친오빠가 샌프란시스코에 살기 때문에 나에게는 벌써 세 번째 방문이었다. 주변 사람들은 "신혼여행인데 기왕이면 새로운 곳에 가 보고 싶지 않아? 왜 같은 곳을 또 가?"라며 의문을 던지곤 했지만, 다른 곳을 다 포기하더라도 매년 방문하고 싶은 곳이 바로 이곳 미서부이다.

20대 중반부터였을까. 여행에 눈뜬 뒤로 나의 세상은 여행을 중심으로 돌아갔다 해도 과언이 아니다. 그토록 여행에 푹 빠져 있는 나였지만 딸 가진 부모의 마음은 아무래도 어쩔 수 없는 노릇인가 보다. 언제나 딸 걱정이 태산이었던 부모님께서는 내가 세상 밖으로 나가는 것을 쉽사리 허락하지 않으셨고, 그 와중에 겨우 허락받았던 여행지가 바로 미서부였다. 그나마 오빠가 살고 있었기에 가능한 일이었다.

그렇게 2년 전 나는 혼자 미서부로 떠나게 되었다. 그때 그 여행이 나에게 얼마나 소중했는지는… 어찌 언어의 형태로 온전하게 표현할 수 있을까. 당시 나는 샌프란시스코, 라스베이거스, 로스앤젤레스를 여행했고, 그중 라스베이거스에서 출발하는 당일치기 버스 투어를 신청하여 그랜드캐니언Grand Canyon에 방문했다. 꼭두새벽부터 퉁퉁 부은 눈으로 탑승한 버스에서, 창문 밖으로 보이는 애리조나의 바깥 풍경은 너무나도 아름다웠다. 비현실적으로 파란 하늘에 나직하게 깔린 구름들, 그 바로 아래 끝없이 이어지는 자연의 모습은 마치 정돈되지 않은 듯 잘 정돈된 모습이었다. 그때 그 경치를 보며 '눈앞에 순식간에 지나가는 이 그림들을 잡아 두고 싶다. 지금 당장 버스에서 내려서 이 경치를 감상할 수 있다면 얼마나 좋을까?'라는 생각이 계속해서 나의 머릿속을 맴돌았다.

그리고 마침내, 항상 사진으로만 보고 꿈꿔 왔던 바로 그 그랜드캐니언에 도착했을 때는 나도 모르게 소리를 지를 수밖에 없었다. 신이 빚어 놓은 듯 광활하게 펼쳐진 주황색 협곡 위에 구름의 그림자가 지나가고, 아찔하게 패어 있는 골짜기가 저마다 그 기세를 자랑했다. 그 광경 앞에서 나는 한참 동안 할 말을 잃어 버렸다. 워낙 힘든 시기여서 그랬을까. 죽어도 여한이 없겠다는 생각마저 들었다. 그 순간 난 다짐했다. 사랑하는 사람과 꼭 이곳에 다시 오겠노라고.

이렇게 하여, 앞으로 평생을 함께하게 될 남편과 평생을 잊지 못할 신혼여행지로서 미서부를 선택하게 된 것이다. 여러 여행지가 후보에 있었고, 신혼여행임에도 너무 힘든 여정을 선택하는 것이 마음에 걸렸지만 내가 느꼈던 감정을 그와 꼭 공유하고 싶었다.

열한 시간의 긴 비행이 끝난 뒤 우리는 샌프란시스코 공항에 도착했다. 익숙한 듯 여전히 설레는 이곳에, 익숙한 듯 여전히 설레는 그와 함께 있었다. 우리가 무려 신혼여행에 왔다는 사실은 아직 잘 실감 나지 않았다. 그래도 나는 너무 신이 나서, 남의 시선 따위 신경 쓰지 않고 덩실덩실 춤을 추기 시작했다. 여행이 나에게 주는 힘은 실로 엄청나다. 그러니 여행의 시작에 춤이 빠질쏘냐.

우리의 최종 목적지는 라스베이거스였기에 국내선 비행기를 한 번 더 타고 한 시간 반가량 날아갔다. 우리는 창가석에 앉아 노을 지는 하늘을 보며 감상에 젖었고, 네바다에 가까워질수록 외계인이 살 것만 같은 진기한 풍경이 펼쳐졌다. 라스베이거스 땅을 밟았을 때는 이미 해가 지고 캄캄해진 뒤였다. 밤에 더욱 빛나는 도시 라스베이거스, 적시에 아주 잘 도착한 셈이다.

공항에서 나온 뒤 인터넷으로 예약한 렌터카 업체를 찾아가 계약을 하고, 주차장을 찾아 나섰다. 특정 구역에 동급의 차가 쭉 나열되어 있고 그중 아무 차나 골라서 타고 나가는 시스템이었다. 처음엔 의심스러울 정도로 간단한 이 시스템을 잘 이해하지 못하여 당황했지만, 어떤 서양인 커플이 파란색 차를 골라 쿨하게 끌고 나가는 것을 보고 우리도 급히 차를 고르기 시작했다.

"이때가 아니면 언제 빨간색 차를 몰아 보겠어?"

혹여나 남에게 뺏길까 싶어 서둘러 빨간 준중형차에 짐을 실었다. 다소 칙칙한 황톳빛 애리조나의 길을 달리는 우리의 빨간 차는 참 예뻤기에, 지금 생각해도 가장 탁월한 선택이었다. 이 아이는 낯선 미지의 영역을 모험하는 우리에게 든든한 동반자가 되어 주었다.

남편이 미국에서의 첫 운전을 시작하였다. 화려하게 빛나는 라스베이거스 사이를 조심스럽게, 또 약간은 어색하게 미끄러져 나갔다. 설렘과 떨림, 그리고 피곤함이 공존하여 정신이 하나도 없었지만 그 와중에도 휴대폰과 블루투스를 연결하여 음악을 틀었다. 평소 서양 음악만 좋아하여 한국 음악을 거의 듣지 않는 나지만 왠지 그 순간 가수 한올의 감성 넘치는 노래가 자동 재생되어 속삭이듯 흘러나왔다.

'봄이면 네가 찾아올까, 햇살에 눈이 녹듯이 그렇게-'

눈앞에는 천생 미국의 모습이 펼쳐지는데, 귓속으로는 천생 한국의 노래가 들려오니 아이러니하게도 조금씩 실감이 나기 시작했다.

'평생 남으로 살아온 우리가 조금 전 결혼을 하여 하나가 되었고, 또 지금은 태평양 너머 미국 땅에 와 있구나.'

　　24시간 안에 일어난 일이었다. 이 시간이 대체 어떻게 지나
갔는지도 모르겠는데, 또 이 모든 것이 내 인생에 있어 너무나도
큰일이었다. 긴장이 풀려서였을까, 혹은 이 길고도 짧은 하루가
다소 현실감이 떨어져서였을까. 비몽사몽 한 것이 마치 꿈을 꾸
는 듯한 기분이었다. 우리는 라스베이거스 스트립 구석의 한 호
텔에 도착하여 마음속으로 밀려오는 여러 감정을 누르며 억지로
잠을 청했다.

#02
최대한 촌스럽게 여행하라

DAY 2

물론 우리는 제대로 잠들지 못했다. '잤다'는 표현보다는 '눈을 감고 누워 있었다'는 표현이 더 맞겠다. 하지만 둘째 날부터 많은 스케줄이 우리를 기다리고 있었기에 새벽 일찍부터 일어나 분주하게 준비를 시작했다. 피곤함이 두 어깨를 짓눌렀지만, 여행이 시작되면 온전하게 살아날 나 자신을 너무 잘 알기에 전혀 걱정되지 않았다. 오히려 '내 욕심 때문에 괜히 그를 고생시키는 건 아닐까?'라는 생각이 계속 내 마음을 불편하게 만들었는데, 고개를 돌려 남편의 반짝반짝 빛나는 눈동자를 발견하고는 그런 걱정은 접어 두기로 했다.

본격적인 미국 여행에 앞서 그와 나는 왠지 조금 소심해졌다. 다름 아닌 팁 때문이었다. 호텔을 나오며 '팁으로 얼마를 내야 하는가'에 대한 토론 아닌 토론이 벌어졌다. 아니, 협상이라고 하는 게 더 어울리려나. 어쨌든 이 행위는 첫 며칠간 지속되었고, 팁을 줘야 할 시간이 다가올 때면 우리는 소곤소곤하며 협상을 시작했다.

"5불?"

"3불?"

"아, 이걸 어쩐담. 그럼 4불로 하자!"

결혼식으로 한 시간 만에 엄청난 돈을 쓰고 온 사람들이, 또 광활한 대자연을 보러 가기에 앞서 저런 귀여운 대화를 했다는 것이 조금 웃기지만 팁 문화가 생소한 한국 사람으로서는 어쩔 수 없는 노릇이었다. 나는 여행 중 어떻게 하면 팁을 건방져 보이지 않게 전달할 수 있을까 머뭇거리기도 하고 누군가에게 "Thank you"라는 말을 하며 나도 모르게 꾸벅, 고개를 숙이기도 했다. 아무리 내가 미국 문화에 관심이 많고 그 문화를 좋아해도, 내 핏속에 자리 잡은 유교 문화는 이러한 현지 분위기에 자꾸만 어색함을 표했다. 촌스럽게 관광객 티 내기 싫었지만 말이다.

잠시 다른 이야기로 빠져 보면, 남편과 라오스 여행 중에 한 양식 레스토랑을 방문한 적이 있었다. 동남아의 물가가 저렴하니 고급스러운 곳도 한번 가 보자는 취지에서였다. 당시 나는 야시장에서 3천 원에 구입한 코끼리가 그려진 몸빼 바지를 입고 자유롭게 여행하고 있었다. 그 모습 그대로 레스토랑에 들어갔는데 분위기가 너무 고급스럽고 우아한 나머지 나의 행색이 한껏 부끄러워졌더랬다. 이 바지를 입고 라오스 어디를 걸어도 당당했는데… 마치 레스토랑 문 하나 열고 다른 세상으로 들어간 기분이었다. 다소 긴장한 우리에게 미국식으로 트레이닝을 받은 듯한 현지 웨이터가 주문을 받으러 왔다.

"헬로! 하하, 하우즈 잇 고잉? 하하하…"

미국 특유의 친근함과 쿨함을 책으로 배운 듯한 그의 딱딱한 말투와 행동에 우리는 첫마디부터 모두 어색해졌다. 그리고 문

하나 차이로 엄숙해졌던 나는 그제야 긴장이 풀리며 피식, 웃음이 나왔다. 결국 이곳은 라오스인 것을…! 역시 다른 나라의 문화를 배울 수는 있어도 그 문화에 완전히 젖어 드는 것은 정말 쉽지 않은 일이다. 영어를 잘하는 이 웨이터도 미국식으로 자연스럽게 주문을 받기까지는 꽤 오랜 시간이 걸리겠지?

결국 이 여행도 마찬가지였다. 항상 미국 문화에 빠져 있는 나지만, 미국 어딜 가도 들을 수 있는 "How are you doing?"에 "Good!" 한마디 빠르게 대답하는 일이 여전히 어렵기만 하다. 하지만 문화 차이를 좁히기는 쉽지 않다는 사실을 인정하는 순간 마음은 편안해진다. '나는 이곳에서 외지인이기 때문에 모든 것이 어색하고 모든 것에 서툴 수밖에 없어!'라는 마음가짐이 필요하다. 아무래도 여행을 좋아하고 다른 사람들보다 조금 더 다녔다는 이유로, 여행할 때 더욱 자연스러워야 한다는 허세가 종종 튀어나오곤 했다. 하지만 생각을 전환해 보면 여행 중에는 굳이 익숙함을 강조할 필요가 없다. 겪은 것을 또 겪더라도 약간의 낯선 그 느낌을 즐기는 것이 좋다. 그러니 앞으로도 허세는 묻어 둔 채 매번 촌스러운 여행자가 되기 위해 노력해야겠다. 그래야 더욱 풍요로운 감정으로 여행에 임할 수 있을테니까.

우린 드디어 본격적으로 여행을 시작했다. 구글맵으로 내비게이션을 켜고 첫 번째 목적지인 유타주의 자이언캐니언Zion Canyon으로 향했다. 구글은 우리에게 한국어 음성으로 안내를 해

주었는데 "우회전"을 "뭬전"이라 발음하는 것이 너무 재미있어서 우리는 "뭬전"이 나올 때마다 그 발음을 따라 하며 깔깔 웃어 댔다. 사실 설레는 여행을 시작하며 무엇을 보고 무엇을 듣든 웃음이 안 터지고 어찌 배기랴. 코에 바람만 스쳐 지나가도 경박한 웃음소리가 절로 나왔다.

사실 숙소를 떠날 때 우리에겐 장거리 운전을 대비한 준비물이 전혀 없었다. 그저 트렁크에 캐리어만 싣고는 가는 길에 마트에 들러 필요한 것들을 사기로 계획했다. 하지만 이건 미국 고속도로 초행자의 잘못된 판단이었다. 가는 길에는 마트는커녕 주유소조차도 보이지 않았고 갈증이 나도 물을 마시지 못한 채 서너 시간을 내리 달렸다. 그렇게 오아시스처럼 찾아 들어간 월마트에서 우리는 서른다섯 개 묶음의 물, 비상식량 등을 한가득 구입하고 나서야 만족스럽게 다시 출발할 수 있었다. 역시 어디를 여행하더라도 마트 구경은 필수다. 허기를 달래 주는 동시에 씹는 즐거움까지 주는 감자칩을 사는 것 또한 필수다.

라스베이거스에서 자이언캐니언까지는 지도상에서 약 세 시간 거리였으나 실제로는 도착까지 네다섯 시간이 걸렸다. 보통 이동시간이 긴 여행을 할 때면 '길에서 시간을 버린다'는 말을 많이 하지만, 미서부 자동차 여행에서는 단 한순간도 버릴 것이 없었다. 그만큼 길을 가며 보이는 풍경 하나하나가 예술이었다. 도로가 지평선을 따라 길게 뻗어 있고, 그 도로를 중심으로 왼쪽과 오른쪽의 풍경이 달랐다. 언덕을 타고 올라갔다가 내려갈 때면 갑자기 또 다른 풍경이 펼쳐졌으며, 산 사이의 구불구불한 길을 달리다가 코너를 돌 때면 선물처럼 또 새로운 풍경이 짠 하고 나타나곤 했다. 마치 대자연이 우리에게 "끝난 줄 알았지? 아직 보여 줄 것들이 한참 더 남았어"라고 이야기하는 듯했다. 장시간 운전을 하려면 피곤하니 둘이 운전을 교대해 가며 눈을 붙이기로 했지만, 조수석에 앉아서도 우리는 잠을 청하지 못했다. 어느 한순간도 놓치고 싶지 않았다. 도무지 지나치기 아쉬운 곳에서는 갓길에 차를 세우고 그 풍경을 감상했다. 바로 이거다, 내가 꿈꿔 왔던 여행.

이렇게 눈 호강을 하며, 큰 봉지에 담긴 감자칩을 와작와작 까먹으며, 큰 소리로 콜드플레이의 노래를 부르며 지루할 틈 없이 달리고 또 달려 드디어 자이언캐니언에 도착했다. 입구에서 한국에서 미리 구입해 간 국립공원 애뉴얼패스를 보여 주고, 땡볕의 주차장에 겨우 한 자리를 찾아 주차했다. 그러고는 방문자 센터로 가서 지도를 하나 집어 들었다. 지도에는 꽤 많은 트래킹 코스가 적혀 있었다.

"어디로 가야 하지…?"

조금 당황스러웠다. 국립공원 안에서는 휴대폰마저 먹통이라 어디가 유명한 코스인지 검색할 수가 없었다. 고민하던 우리는 결국 소요 시간이 가장 적절한 로어/어퍼 에메랄드 풀Lower/Upper Emerald Pool 코스를 돌기로 결정하고 셔틀버스를 탔다.

#03
여행길에서 '선택'이란

사실 이때 우리는 선택의 기로에 놓여 있었다. 원래 계획은 자이언캐니언에서 브라이스캐니언Bryce Canyon을 갔다가 커내브Kanab에 있는 숙소로 가는 것이었는데, 자이언캐니언까지 오는 데에 시간을 너무 많이 할애해 버렸다. 브라이스캐니언을 가기 위해서는 자이언캐니언에서 트래킹을 하지 못하고 잠시 구경만 한 뒤 길을 나서야 하는 상황이었다. 더군다나 모든 곳이 초행길인 우리에게 애리조나의 해는 야속하게도 빠르게 졌다. 캄캄한 대자연을 운전하다가 위험한 상황이라도 생길까 봐 걱정이 앞섰다. 하지만 우리에겐 모든 목적지가 소중했기에, 불확실한 위험은 무시하고 브라이스캐니언을 고집하고 싶은 마음도 만만치 않았다. 그렇게 우리는 브라이스캐니언을 가느냐 마느냐를 두고 고민에 빠졌다.

누구에게나 그렇듯 여행은 언제나 선택의 연속이다. 더군다나 나는 지금까지 여행을 여유롭게 해 본 경험이 없다. 항상 짧은 시간 안에 한 군데라도 더 가기 위해 빡빡한 일정으로 계획을 짜곤 했다. 하지만 마음처럼 쉽다면 그게 진정 여행이랴? 자고로 여행은 대부분 짜여진 계획 그대로 이루어지지 않는다. 그 여정 속에서 끊임없이 갈림길의 심판을 받게 된다.

평소의 나는 결단력이 약한 사람이다. 무엇 하나 쉽게 결정하지 못해서 편의점에서 음료수 하나를 고르는 데에도 한참이 걸리곤 한다. 하지만 여행 중에는 선택을 고민하고 있는 그 일분일초마저 너무 아깝게 느껴졌다. 그래서 여행을 할 때만은 평소의 모습을 하나 둘 내려놓기 시작했고, 그 결과 '최대한 빠르게 선택하는 법'의 내공을 가장 먼저 쌓을 수 있었다. 물론 선택에 따른 결과가 항상 좋을 수만은 없다. 후회가 될 수도 있고 고생길이 열릴지도 모른다. 하지만 그 결과에 연연하지 않기 위해 항상 긍정의 주문을 외운다.

"괜찮아, B를 선택했다고 해서 더 좋았을 거란 보장은 없어. 그래도 A를 선택한 덕에 이거 하나는 얻어 갈 수 있잖아?"

놀랍게도 이 주문은 항상 그 효과를 발휘한다. 아무리 쥐어짜도 얻어 갈 것이 없어 보이는 A의 결과에도 결국 추억 하나는 보장이 되곤 한다. 여행 중 고생했던 이야기는 꼭 사골 국물마냥 진하게 우려지고 한참 동안 술안주가 되기 마련이지 않는가. 아이러니하게도 이렇게 예상치 못한 혼란스러운 상황과 역경 속에서 더 강렬한 기억이 남곤 한다. 이젠 오히려 모든 것이 원활하게 진행되면 그만큼 기억 속에 깊게 자리 잡히기 어렵다는 생각마저 든다. 이렇게 불완전한 이야기들이 하나, 둘 모여 진정한 여행이 되는 것 아닐까?

내가 외우는 선택의 주문이 일상에서도 말을 듣는다면 참 좋겠지만 아쉽게도 여행 중에만 먹힌다. 여전히 나는 푸드코트 앞에서 저녁 메뉴를 고르다가도, 결국엔 고르지 못해서 빵을 사러 가는 일상을 반복하고 있다. 하지만 여행 중에는 동행자들을 이

끌고 다닐 만큼 대담해진다. 어쩌면 나는 여행 자체를 좋아하는 것보다 여행할 때의 시원시원한 나 자신의 모습이 좋은 건지도 모르겠다. 이번 선택 또한 저 주문처럼 속 시원한 해답을 도출해 낼 수 있었다.

"브라이스캐니언은 다음에 다시 와서 가자. 우리 또 올 거잖아?"

결국 우리는 다음 목적지를 포기하고 현재에 집중하기로 했다. 오히려 언젠가 이곳에 다시 올 명분을 만들어 내고는 마음속에 '다음'이라는 씨앗 하나를 심을 수 있어 기뻤다. 이 씨앗이 자라고 자라서 꽃을 피울 때쯤 우리는 다시 유타를 찾을 수 있겠지.

여유롭게 이곳을 즐기기로 결정하고 나니 조급했던 마음이 차분해졌다. 자이언캐니언 내부로 들어가는 셔틀버스에는 밖을 볼 수 있도록 널찍한 창문이 연이어 붙어 있었고, 천장에도 창문이 여러 개 있어서 그 사이로 미지근한 바람이 솔솔 들어왔다. 빙글빙글 산길을 올라가는 버스에 앉아 따사롭다 못해 뜨거운 햇살을 온몸으로 받고 있자니 꾸벅꾸벅 잠이 오기 시작했다.

"온정아, 일어나. 우리 이제 내려야 해?"

목적지에 다다르자 그가 머리를 쓰다듬으며 나를 깨웠다. 우리는 기분 좋은 노곤함을 지닌 채 버스에서 내렸다.

내리자마자 눈앞에 펼쳐진 자이언캐니언의 풍경은 우리의 잠을 깨우기에 충분했다. 초록 초록한 풀밭이 펼쳐져 있고, 많은 여행자가 그곳에 앉아 식사를 하거나 광합성을 하면서 쉬고 있었

다. 그 사이엔 잎이 풍성한 나무들이 우뚝 자라 있고, 중앙에 서서 빙 돌아보니 사방에 거대한 암벽들이 자리를 지키고 있었다. 청명한 하늘 아래 붉은 바위들이 대비를 이루어 더욱 비현실적이었다. 신이 빚어 놓은 듯한 이런 곳에 사람이 들어와 있어도 괜찮은 걸까, 라는 생각이 들 정도로 이곳 대자연의 풍경은 경이로웠다. 마음 한편에는 두려움마저 생길 지경이었다.

하지만 금강산도 식후경이라 했던가. 신비한 경치를 보면서도 배꼽시계는 울려 댔다. 아침도 제대로 먹지 못한 채 여행을 시작하여 오후까지 멋진 풍경들로 열심히 주린 배를 채웠지만, 이제 정말로 몸에 음식을 충전해 줘야 할 때가 왔다. 지도에서 레스토랑 표시를 확인하고 주변을 둘러보니 패스트푸드점이 하나 있었다. 그곳에서 버거, 샌드위치, 샐러드를 사고 운 좋게 야외 테라스에 자리를 잡은 우리는 드디어 늦은 점심을 먹기 시작했다. 이런 풍경 속에 앉아서 그와 함께 버거를 먹고 있다니. 이게 대체 무슨 일일까. 덕분에 평범하게 생긴 이 버거에서는 전혀 평범하지 않은 맛이 났다.

제대로 된 첫 목적지에 도착하여 처음으로 여유롭게 앉아 있으니 슬슬 이 순간이 피부로 와닿았다. 이제 시작일 뿐인데 꿈같은 시간이 흘러가고 있는 것이 벌써 아쉬웠다. 최대한 열심히 내 눈에 풍경을 담고, 혹여나 잊어버릴까 카메라의 셔터를 연신 눌러 대고, 평화로운 바람의 소리를 듣고, 또 열심히 이곳의 냄새를 맡았다. 정말이지 황홀하고도 소중한 이 순간… 더 이상 바랄 것이 없었다. 누가 보아도 압도당할 수밖에 없는 대자연이라는 이유도 있겠지만, 그냥 둘이 함께 파란 하늘 아래에 가만히 앉아 좋은 공기를 마시고 있다는 사실만으로도 누구보다 행복해졌다.

　"우리 정말 부부가 됐어…!"

　연애의 끝, 결혼의 시작이 이 여행 덕에 무척이나 특별하게 빛나고 있었다.

#04
자이언캐니언 중심에 새긴 발걸음

야무지게 점심을 먹은 우리는 부푼 배를 통통 두들기며 트래킹을 시작했다. 방문자센터에서 집어 들고 온 지도에는 코스별 난이도가 세 단계로 나뉘어 적혀 있었는데, 그중 우리가 가는 길은 난이도 '중'이었다. 로어/어퍼 에메랄드 풀을 지나 카엔타 Kayenta를 거쳐 내려오는 코스였다.

몇 년 전 홀로 그랜드캐니언에 갔을 때는 산 정상에서 내려보듯 전체적인 캐니언의 풍경을 감상할 수 있었다. 마치 구름 위에 앉아 세상을 바라보고 있는 신이라도 된 듯한 기분이었다. 그 탁 트인 전망 덕에 광활함이 더욱 와닿았지만, 한편으로는 '저 협곡 안쪽으로 들어가 볼 수는 없나?'라는 호기심이 계속해서 올라왔다. 신화에 등장하는 신들도 이런 연유로 계속 인간 세상에 내려갔던 것일까.

그런데 자이언캐니언에서는 그것이 가능했다. 즉 비교적 협곡의 아래쪽에 서서 위로 그 모습을 올려다볼 수 있었다. 한눈에 모든 것을 내려다보는 것이 아니라 좀 더 낮은 자세에서 이곳을 하나하나 아껴 가며 알아 가는 기분이랄까. 그래서 탁 트인 전망은 아니어도 확실히 또 다른 매력이 있었다. 마치 내가 이 자연의 일부가 된 듯했다.

물론 여기서도 난이도가 높은 트래킹을 한다면 정상에 올라가 파노라마뷰를 감상할 수 있었다. 하지만 우리는 신혼여행 중

혹사당하고 싶지는 않았기에 적당한 길을 선택했다.

　트래킹 코스는 생각했던 것보다 길었고 천천히 즐기며 가니 약 세 시간 정도가 소요되었다. 막상 목적지보다는 걸어가는 과정에서 저 멀리 보이는 캐니언의 웅장한 모습들이 더욱 인상 깊었다. 다양한 형태로 삐죽삐죽 서 있는 기암괴석의 줄무늬는 마치 세월의 풍파가 만든 예술작품 같았다. 가로, 세로 층층이 비슷한 듯 교묘하게 다른 톤으로 이루어진 주황빛 암석에, 깨알같이 자라 있는 초록 나무들이 색감의 조화에 정점을 찍어 주었다.

　기분 좋게 산길을 걸어 가장 먼저 마주한 로어 에메랄드 풀은 암벽 위에서 얇은 물줄기가 쫄쫄쫄 떨어지는 곳이었다. 마치 배가 나온 것처럼 둥그런 형태의 절벽이었기 때문에 그 부분을 우산 삼아 밑으로 사람이 지나갈 수 있었다. 물은 마치 분무기 뿌리듯 흩뿌려졌고, 덕분에 그곳을 지나며 얼굴과 팔에 튀기는 작은 물방울 입자를 느낄 수 있었다.

　로어 에메랄드 풀을 지난 뒤로는 꽤 가파르고 좁은 길들이 나타났다. 다리뿐만 아니라 두 손까지 동원된 네 발 등산이 시작되었다. 많은 사람들이 등산복, 등산화에 지팡이까지 장착했는데 우린 너무 대책 없이 온 터라 좀 더 고생할 수밖에 없었다. 이런 대자연 속에 들어오면서도 멋을 냅답시고 스니커즈를 신은 우리의 발이 조금은 부끄러워졌다.

　서로 밀어주고 끌어 주며 도착한 어퍼 에메랄드 풀에서는 절벽 아래 고여 있는 물웅덩이를 볼 수 있었다. 깎아지른 듯한 이 절벽은 꼭대기를 바라보고 있으면 고개가 아플 정도로 그 높이가 높았다. 분명 저 절벽을 타고 폭포가 시원하게 쏟아져야 할 것 같은데 물이 젖어 있던 흔적만 있고 막상 떨어지는 물은 보이지 않았다. 암석들이 군데군데 회색, 검정으로 변색되어 있어 더욱 척박한 느낌이었다. 아마 이 시기에는 많이 건조해서 어딜 가도 물이 적었던 듯하다.

사람들은 이 근처에 앉아서 고생한 다리에게 휴식을 주고 있었다. 시원한 물에 발도 담그고, 매트를 펴고 앉아 과일을 먹고 있기도 했다. 마치 우리나라 등산길에 볼 수 있는 흔한 풍경 같아 괜스레 친근하게 느껴졌다. 하지만 우리에겐 돗자리가 없었고, 하필 나는 검은색 바지를 입고 있었기에 아무 데나 철퍼덕 앉을 수가 없었다. 간만의 등산에 다소 놀란 듯한 무릎을 탕탕 두들겨 주며 부러운 눈으로 그들을 쳐다보았다.

그때 사람들의 시선이 한쪽으로 몰려 있는 것을 발견했다. 그 시선을 따라가 보니 남자 몇 명이 절벽 위로 올라갔다가 장난스럽게 내려오고 있었다. 어휴, 대체 저기까지 어떻게 올라간 건지. 어딜 가나 위험한 행동을 하는 사람은 꼭 하나씩 있다니깐. 금방이라도 떨어질 것만 같은 그 불안한 광경에 우린 금방 그곳을 나서서 다시 걷기 시작했다.

앞서 왔던 길은 바위산 위주로 볼 수 있었다면 카엔타 코스로 하산하는 길에서는 협곡 사이로 흐르는 구불구불한 버진강까지 함께 볼 수 있어 더욱 아름다웠다. 자이언캐니언을 걷는 일은

마치 수채화로 가득 채워 놓은 스케치북을 한 장, 한 장 넘기는 일과도 같았는데, 그중에서도 특히 이 길은 그 섬세한 붓 터치까지 느껴지는 듯했다. 거대한 붉은 산 사이에 펼쳐진 평지와 그 땅에 삼삼하게 솟아 있는 나무들, 또 그 중심을 흘러가는 물길까지. 우린 경사가 가파르지 않은 내리막길을 천천히 걸으며 이 공기를 즐겼다. 야생의 멋을 품은 큼직한 선인장들까지도 우리의 하산 길을 반겨 주었다.

이런 풍경을 대충 훑어만 보고 돌아설 뻔했다니. 브라이스캐니언을 포기하길 정말 잘했다며, 우리는 최고의 여행 콤비라며 걷는 내내 입이 아프도록 자화자찬을 했다. 물론 마음속에 남아 있는 아쉬움에 좀 더 과장했을 것이다. 하지만 자이언캐니언 트래킹이 평생 잊지 못할 광경을 안겨 준 것은 확실하다. 다시 그때로 돌아간다고 해도 다른 그 무엇과도 맞바꾸지 못할 것이다.

아쉽지만 더 그로토The Grotto라는 지점에 다다르며 트래킹을 끝내고 우린 다시 셔틀버스를 타고 주차장으로 내려왔다. 타오르는 태양 아래 서 있었던 차는 건드릴 수 없을 정도로 뜨거워서 한참 호들갑을 떨며 환기를 시킨 뒤에야 겨우 탈 수 있었다. 우리의 다음 목적지는 두 번째 묵을 숙소가 있는 커내브였다.

이때쯤 우리 둘의 얼굴에는 행복함과 피곤함이 동시에 묻어 있었다. 즐거움에 계속 노래를 불렀지만 막상 눈 밑엔 검정 테이프를 붙인 야구선수마냥 다크서클이 진하게 자리 잡았다. 남편의 컨디션이 걱정되어 "내가 운전할까?"라고 물었더니, 내 퀭한 얼굴을 보고는 마다하고 본인이 운전대를 잡았다. 그 질문을 할 때는 생각지도 못했다. 자이언캐니언을 벗어나는 길이 이렇게나 아찔할 줄이야. 구불구불하게 이어진 산길을 차로 올라가야 하는데 바로 옆이 절벽이어서 마치 안전바 없는 롤러코스터를 타는 듯했다. 다행히도 그는 운전을 차분하게 잘 해냈고, 나는 조수석에 앉아 연신 창문 위쪽에 있는 손잡이를 잡고 울먹거리는 목소리로 얘기했다.

"오빠, 고마워…. 내가 운전했으면 우느라 바빠서 아마 뵈는 게 없었을 거야…"

길이 조금 위험하긴 했지만 분명 좋은 점도 있었다. 가는 길이 계속해서 자이언캐니언의 연장선이었기 때문이다. 덕분에 우린 주차장을 나서고 난 뒤에도 한참 동안 자이언캐니언을 느낄 수 있었다. 한번은 반달 모양의 다리처럼 생긴 암석을 발견하고는 신기해서 차를 세우고 구경했는데, 나중에 찾아보니 그곳도 더 그레이트 아치The Great Arch라는 명소였다고 한다.

아직 이곳에 미련이 많이 남은 빨간 차는 몇 번이고 갑작스러운 갓길 주차를 했다. 우린 이런 식으로, 오랫동안 머무르지 못하는 아쉬움을 잘 달랠 수 있었다.

#05
커내브에서의 다소 엉뚱한 로맨스

커내브까지 달리고 달려서 숙소에 도착하기 20분 전, 남편은 드디어 운전대를 넘기고 조수석에 누워 곤히 잠이 들었다. 코까지 골며 곯아떨어진 남편을 보니 안쓰러운 마음이 밀려왔다. 그리하여 분명 '숙소 도착하면 토닥토닥해 주면서 천천히 깨워야지'라고 생각했건만… 내비게이션이 유턴을 가리키는 순간 너무 당황한 나머지 큰 소리로 그를 깨워 버렸다. 작전 실패.

"오빠! 미국 유턴은 어떤 신호에서 해야 되는 거야?!?!"

혹여나 불법유턴 딱지라도 끊을까 봐 한껏 쫄아 버린 나. 덕분에 요란하면서도 다소 민망하게 숙소에 도착했다. 숙소 앞에는 페도라를 쓰고 양손에 총을 든 카우보이 간판이 "이곳이 바로 미서부다!"라고 외치는 듯 서 있었다.

커내브는 자이언캐니언과 앤털로프캐니언Antelope Canyon 사이의 적당한 거점인 동시에, 숙박시설이 모여 있는 곳이라는 정보를 보고 단순히 잠만 잘 생각으로 선택한 경유지였다. 그런데 숙소 바로 앞에서도 굉장히 크고 근사한 붉은 암석들을 볼 수 있었고, 우리는 예상치 못한 눈 호강에 또 한 번 행복해졌다.

'우리의 발길이 닿는 모든 곳이 바로 여행지로구나!'

긴 여정을 보낸 뒤에 들어간 숙소는 왠지 모를 안정감을 주었다. 침대와 한 몸이 되고픈 충동을 억누르고 간단히 짐을 정리한 뒤 저녁을 먹으러 밖으로 나갔다. 체크인할 때 식당을 몇 군데

추천받았는데 우린 그중 이 마을의 느낌과 닮은 아기자기한 미국식 식당을 선택했다. 식당 안에 들어가 보니 우리를 제외하고는 모두 현지인들이었다. 덕분에 사람 구경하는 재미가 쏠쏠했다.

"어느 정도 차려입은 사람들은 여기 사는 사람들일 것 같고, 우리처럼 편한 옷을 입은 사람들은 미국 내에서 여행 온 사람들 아닐까? 저쪽 테이블은 가족 단위로 왔네! 역시 애들은 가족 여행이 지루한가 봐. 집에 가고 싶다는 표정이야. 이럴 때 보면 애들은 전 세계 풍경이 다 비슷비슷한 것 같아."

한국말이 들릴 리 만무하지만 그래도 우리는 속닥속닥거리며 조심스럽게 주변을 살폈다. 저녁 메뉴는 연어 스테이크와 파스타, 그리고 추가로 유타주 현지 맥주를 시켰다. 더울 때마다 머리를 떠나지 않았던 맥주를 드디어 벌컥벌컥 들이켜고 나니 좀 살 것 같았다. 테이블을 탁 치며 "한 잔 더!"를 외치고 싶었지만 피곤했던 우리는 맥주 한 잔에도 노곤노곤해졌다. 더군다나 이 식당에 여유롭게 앉아 있기엔 문 앞에 대기줄을 선 사람들이 배고픈 눈으로 우리를 쳐다보고 있었다. 결국 우리는 정 맥주가 고프면 마트에서 사 먹자며 식당을 나섰다.

소화도 시킬 겸 산책을 하고 싶었지만 동네는 이미 어두컴컴해진 뒤였다. CVS(미국식 약국 겸 편의점)도 문을 닫아 버려서 맥주도 포기할 수밖에 없었다. 결국 우리는 반강제로 일찍 숙소에 들어갔다. 이게 얼마 만의 휴식이더냐.

덥고 습한 우리나라의 여름과는 달리 4월의 유타는 굉장히 건조했다. 이에 대한 대비를 하지 못한 채 여행을 떠나온 우리의 피부에는 점점 가뭄이 나기 시작했다. 손 껍질은 쩍쩍 갈라지고, 몸 구석구석에는 벌레를 물린 것처럼 벌건 자국이 올라왔다. 말 그대로 '긁어 부스럼'이기에 가려워도 긁지 못하고 참아야만 했다. 심각성을 깨달았을 때는 약국이 문을 닫았기 때문에 아무것도 바르지 못한 채 갈라지는 피부를 쳐다보고 있는 수밖에 없었다. 대체 바디로션은 왜 안 챙겨 온 걸까.

신혼여행까지 와서 너무 초라해진 우리의 피부와, 피로에 퉁퉁 부어 버린 손발을 보며 잠시 상상했다. 휴양지 해변의 선베드에 누워 누군가가 서빙해 주는 칵테일(칵테일을 안 좋아하지만 왠지 이 장면에서는 칵테일이 나와 줘야 할 것 같다.)을 한 잔 마시며 얼굴이 번지르르한 채 여유를 즐기고 있는 우리 둘의 모습을. 그리고 그 장면을 상상하는 순간 웃음이 나올 수밖에 없었다. 어딘가 모르게 어색했기 때문이다. 마치 영화 「겨울왕국」에서 눈사람의 형체를 가진 올라프가 뜨거운 태양이 내리쬐는 여름 해변을 즐기는 장면처럼 말이다. 휴양지를 포기하고 이곳에 온 우리의 선택에 더욱 확신이 생겼다.

"우리, 정말 잘 온 것 같지?"

내 앞에는 갑작스러운 나의 질문에 웃으며 로션을 아끼고 아껴 내 건조한 손등에 정성스레 발라 주고 있는 남편이 있었다. 작은 것도 왠지 더 소중해지는 이 여행이, 적어도 우리에게는 쉬는 시간보다 훨씬 더 값지게 다가왔다. 이 여행을 하며 힘든 일은 계속해서 생겼지만 그 역경을 함께 이겨 내며 우리는 부부로서 한 걸음 더 가까워질 수 있었다.

일찍부터 숙소에서 쉬기 시작한 우리는 시차 때문인지 좀처럼 깊게 잠들지 못했다. 내일을 위해 잘 자야 한다는 생각에 억지로 침대에 붙어 있다가 결국 나는 새벽 4시쯤 이불을 박차고 일어났다. 주섬주섬 겉옷을 챙겨 입는데 부스럭대는 소리에 남편도 덩달아 얕은 잠에서 깨 버렸다. 그렇게 한밤중에 별을 보러 나가겠다는 나를 위해 그는 졸린 눈을 비비며 카메라와 삼각대까지 챙겨서 함께 새벽 산책을 나가 주었다.

대자연 여행 중 별을 보는 것은 내 로망이었다. 그래서 한껏 기대를 안고 밖으로 나갔건만 아쉽게도 막상 별이 잘 보이지 않았다. 앞서 말했듯 커내브는 숙박시설이 모여 있는 동네였는데, 여행자들이 잘 알아볼 수 있도록 밤새 조명을 켜 두었다. 아무래도 새벽까지 밝게 켜져 있는 빛이 별빛을 잡아먹어 버린 듯했다. 말로는 괜찮은 척 다음을 기약하자고 했지만 우리 둘 다 아쉬운 마음에 숙소 안으로 들어가지 못하고 주변을 서성거렸다. 사실 이런 시골 마을에서 어두운 장소를 찾는 것은 어렵지 않은 일이었지만 굳이 위험한 행동은 하고 싶지 않았다. 우리가 미서부 비행기표를 끊을 때쯤 라스베이거스에서 총기난사 사건이 크게 터졌었고, 때문에 여행지를 바꿀까 고민도 많이 했지만 최대한 안전하게 다닐 것을 다짐하고 강행한 여행이었다. 이제 나 혼자가 아닌 둘이기에 안전은 더더욱 중요한 문제였다.

욕심부리지 말아야지, 반쯤 포기하고 다시 숙소 쪽으로 들어가던 중이었다. 그가 숙소 뒤편의 마당 같은 장소를 발견하고는 그쪽을 가리켰다.

"온정아, 마지막으로 여기만 한번 들어가 볼까?"

"응? 숙소 바로 뒤인데 뭐 다를 게 있을까…?"

아무런 기대 없이 향했던 발걸음. 하지만 그 으슥한 곳에서는 거짓말처럼 별이 쏟아져 내렸다. 포기하고 들어갔으면 보지 못했을 광경일 텐데, 예상외로 너무 가까운 곳에서 나의 로망은 현실이 되었다.

남색 도화지에 뿌려진 별들이 영롱하게 빛나고 있었다. 수많은 별을 앞에 두고 넋을 잃어버린 내게 남편은 별을 하나하나 콕콕 집어 별자리를 알려 주었다. 그 이야기를 듣고 있자니 이름 모를 수많은 별 중에 유독 국자 모양의 북두칠성이 둥둥 떠오르는 듯했다.

우린 새벽 공기에 켈록켈록 마른기침이 나올 때까지 별을 구경하다가 숙소로 돌아왔다. 그러고는 별의 여운 때문인지 뜬눈으로 꼬박 밤을 새웠다. 결국 숙소의 통유리창으로 해 뜨는 모습까지 보고 졸린 눈을 비비며 간단히 조식을 먹었다.

#06
결혼, 당신이었던 이유

DAY 3

　오늘은 애리조나주의 호스슈벤드Horseshoe Bend, 즉 말발굽 협곡을 들렀다가 앤털로프캐니언에서 투어를 한 뒤 마지막으로 애리조나주와 유타주에 걸쳐 있는 모뉴먼트 밸리Monument Valley 에 있는 숙소로 가는 일정이었다. 오늘 일정도 역시 빡빡하니 마음의 각오를 단단히 했다. 커내브에서 말발굽 협곡까지는 차로 약 두 시간 거리였다.

　땅덩어리 큰 미국 시골을 운전하는 것은 확실히 한국에서 운전하는 것보다 수월했다. 하지만 미국에서는 로드킬, 즉 자동차에 치여 죽은 동물들을 종종 볼 수 있기에 긴장이 많이 되었다.

　한번은 내가 운전대를 잡고 꽤 빠른 속도로 달리고 있는데, 저 앞에 꽤 큼지막한 새가 가만히 서 있었다. 새를 발견한 순간부터 나는 당황하기 시작했다. 하필 차선이 한 개뿐이라 차선 변경을 할 수도 없었다. 제한속도가 높은 길에서는 모든 차가 빠른 속도로 달리기 때문에 속도를 줄일 수도 없었다. 등에서 식은땀이 줄줄 흘렀다. 그러다 새의 코앞까지 다가간 내가 거의 이성을 잃고 갓길로 차를 돌리려는 찰나, 다행히도 새가 먼저 푸다닥 날아가 주었다. 휴, 분명 십년감수한 것은 저 작은 새인데 오히려 내 심장이 콩알만 하게 쪼그라들었다. 난 또 이런 일을 겪을까 봐 운전하는 내내 어깨에 힘이 들어갔다.

미국에서 운전을 하다가 스컹크를 칠 경우 그 냄새가 어마어마해서 폐차를 해야 할 수준이라고 들었다. 또 실제로 지인이 미국 운전 중에 사슴을 쳤다고 이야기해 준 적도 있다. 미국 땅은 워낙 자연과 어우러져 있으니 이곳 사람들은 아마 숱하게 이런 경험을 하겠지.

평소 나는 미국 시골에 살고 싶다는 생각을 종종 한다. 하지만 자연이 많은 부분을 차지하는 만큼, 분명 자연과 인간의 공존에서 오는 현실적인 문제도 많이 있을 것이다. 도로 위의 새를 직접 마주한 뒤에야 그런 부분들이 피부에 와닿았다. 약간의 두려움이 고개를 비집고 올라왔다.

하지만 잠시 스쳐 가는 여행자에게 두려움을 앞세울만한 여유는 없었다. 정신없이 감탄만 하느라 두려움은 뒷전으로 밀려났을 정도로, 미서부 자동차 여행에서는 모든 것이 특별했다. 말발굽 협곡으로 가는 길에는 유독 동그랗고 작은 나무들이 많이 보였다. 분명 풀이 아니고 뿌리가 있는 나무 같은데 사막이라 그런지 키가 굉장히 작았다. 동글동글한 모양으로 땅바닥에 찰싹 붙어 있는 그 모습들이 귀여워서 우린 '동글이'라고 이름도 붙여 주었다.

이렇게 우리는 작은 것에도 흠뻑 기뻐했다. 그리고 가는 길에도 몇 번씩 차를 세우고 눈앞의 풍경에 넋을 바치곤 했다. 같은 지역 안에서 다 비슷한 느낌일 것 같지만 적어도 우리의 눈에는

그렇지 않았다. 수시로 바뀌는 바위산의 색과 질감과 모양들은 보고 또 봐도 신비했다. 또 사막에 가 본 적 없는 우리에겐 불모지의 모습들도 전혀 지루하지 않고 새롭게만 느껴졌다.

실제로 남편의 지인이 우리와 유사한 경로로 미서부 여행을 다녀왔는데, 어딜 가든 다 똑같이 생겨서 별 감흥을 못 느꼈다는 이야기를 들은 적이 있다. 사람은 지극히 주관적이기 때문에 같은 것을 보아도 다르게 느낄 수밖에 없다. 그렇기에 이 풍경들이 재미없고 지루하다고 해도 반박할 말이 없다. 하지만 적어도 내 옆에 있는 이 사람만은 나와 같은 감정을 가지고 있다는 사실에 난 너무나도 감사했다. 우린 지극히 사소한 것들에도 계속해서 놀라고 감동받기를 반복했고, 그 감정을 함께 공유했다. 덕분에 진정으로 이 여행에 이입할 수 있었다.

내가 결혼식을 준비하며 친구들에게 청첩장을 돌릴 때 가장 많이 들었던 질문이 있다.

"이 사람이랑 결혼해야겠다, 라는 확신이 생긴 게 언제였어?"

남편은 주변 사람들에게도 '좋은 사람'이라는 평을 듣는 인품이 좋고 배울 점이 많은 사람이다. 그리고 무엇보다 나를 무척이나 많이 아껴 주고 사랑해 준다. 이러한 구체적인 이유들도 물론 중요했지만 역시 사랑에는 느낌 아니겠는가. 내 머릿속에 결정적으로 '이거다!'라는 확신이 스쳐 지나갔던 순간이 있었다. 그래서 나는 친구들의 질문에 항상 기다렸다는 듯이 이야기를 시작하곤 했다.

"오빠랑 연애할 때, 같이 속초 여행을 간 적이 있거든. 우리 부모님 엄하신 거 알지? 그래서 몇 년을 연애할 동안 둘이 여행 한 번을 제대로 못 가다가 겨우 기회를 잡고 가게 된 거야. 그랬기에 우리에겐 더욱 소중한 시간이었지. 속초에 느지막이 도착해서는 밤바다의 모래사장에 앉아 놀았어. 비수기라 꽤 조용했고, 한쪽에서는 사람들이 폭죽을 터트리는데 그게 또 괜히 낭만적이더라. 그렇게 앉아서 블루투스 스피커로 음악을 틀고 캔맥주를 마시는데 갑자기 주체할 수 없는 행복감이 올라오는 거야. 나는 취하지도 않았는데, 아무런 예고도 없이 벌떡 일어나 바닷가 한가운데서 춤을 추기 시작했어. 마치 바다에 홀린 것처럼 뒤도 돌아보지 않고.

웃기지? 그래도 다행히 이성은 금방 돌아오더라. 그 짧은 몇 초 동안 '아이고, 오빠가 날 엄청 창피해할 거야… 날 이상하게 생각하면 어쩌지?'라는 걱정이 머리에서 뒤엉켰어. 그리곤 민망한 얼굴을 하고 뒤를 돌았는데, 웬걸? 오빠도 나를 따라 나와 내 뒤에서 춤을 추고 있는 거야. 뻣뻣하고 어색하지만 확실히 행복한 모습으로. 영화에 나오는, 달빛 아래서 춤추는 그런 낭만적인 장면은 아니었어. 지나가던 사람들은 분명 우리가 만취했거나 이상한 사람들이라고 생각했을 거야. 하지만 나는 오빠와 춤을 추는 그 순간 '이 사람과 결혼하고 싶다'라는 생각이 들더라. 쿵 하면 짝을 해 줄 수 있는 사람, 나의 어떤 모습도 사랑해 줄 수 있는 사람일 것 같아서."

자주 가 보았던 흔한 여행지에서 흔하지 않은 추억을 만들 수 있었던 것은 온전히 우리 감정의 몫이었고, 어떤 의미를 부여하는지에 따라 달려 있었다. 감사하게도 나는 그 여행에서 느꼈던 감정을 신혼여행에서 고스란히 느낄 수 있었다.

그와 나는 이 여행을 진정으로 즐기고 있었다. 여행 중 내 마음이 얼마나 충만해질 수 있는지는 결국 나 자신의 마음가짐이 결정하는 것이다. 여행하는 동안 마주하는 모든 것을 특별하게, 또 소중하게 여길 수 있다면 온 마음으로 여행을 받아들일 수 있을 것이다.

#07
삼천포로 빠지는 것도 여행의 묘미

미국을 운전하며 가다 보니 'Scenic Overlook', 'Scenic View' 등의 표지판이 보일 때가 종종 있었다. 그런 글자를 발견하는 순간엔 망설임 없이 차 세울 준비를 해야 한다는 사실을 깨달은 시점이 바로 이쯤이었다.

워낙 빠른 속도로 달리고 있었기에, 우린 와입 오버룩Wah-weap Overlook 표지판을 보자마자 우왕좌왕하기 시작했다.

"어쩌지? 세워, 말아?"

"앗, 온정아. 지금 저기 오른쪽에 엄청난 호수가 보이는 것 같은데…?"

다급히 대화하던 중 우린 이미 그 표지판을 빠르게 지나쳐 버렸다. 하지만 순간, 이곳에 들르지 않으면 후회가 따라올 것 같다는 생각이 내 머릿속을 스쳤다.

"차 돌릴래. 여기 꼭 가 봐야 할 것 같아."

갓길에서 굳이 차를 돌려 표지판이 가리키는 곳으로 들어갔다. 다른 명소들과는 다르게 주차장이 아닌 한 마을이 나타났고, 그 고요한 마을 건너편에는 파월호Lake Powell에서 흘러들어 온 와입만과 캐니언들이 보였다. 우리는 그 풍경을 조금이라도 가까이에서 보기 위해 마을 끝자락에 차를 세우고 경치를 감상했다.

나는 "이게 대체 무슨 풍경이야? 저기 있는 거 정말 물이야?"라는 말을 연이어 내뱉었다. 오는 내내 메마른 땅만 보이다가 갑자기 등장한 물줄기는 익숙지 않았다. 오는 길이 얼마나 뜨겁고 삭막했던지, 도로 위로 일렁이며 올라오는 아지랑이로 인해 도로가 붕 뜨는 것처럼 보여 놀란 것이 한두 번이 아니었다. 심지어 이곳에서 보는 와입만의 풍경마저도 작은 돌을 퐁당 떨어뜨린 호숫가처럼, 저 멀리에서 흔들흔들거렸다. 선명하지 않은 그 모습은 몽환적이기까지 했다.

물이 있다고 해서 이 풍경이 삭막하지 않은 것은 아니었다. 오히려 봉숭아물이 거의 다 빠져 버린 손톱처럼 무채색에 가까웠기에 캐니언들이 마치 북극해에 떠 있는 빙하처럼 보였다. 지금껏 상상해 보지 못했던 광경이었다. 우린 혼이 빠져나간 사람처럼 저 멀리를 바라보았다. 알 수 없는 신비함에 가까이 다가가고 싶었으나 우린 너무 멀리 있었고, 두 눈 크게 뜨고 보고 싶었으나 뜨거운 태양이 눈을 못 뜨게 방해했다. 휴대폰으로는 사진이 찍히지 않아 카메라를 꺼내 최대로 줌을 당겨 보았지만 그마저도 아지랑이 때문에 초점이 빗나가곤 했다. 마치 이 세상 풍경이 아닌 것처럼, 잡힐 듯 잡히지 않았다. 아, 조금 아쉬웠다.

마을 안에서는 고요 속에 삐약삐약 새소리밖에 들리지 않았고, 또 아무도 볼 수 없었다. 저 멀리 보이는 와입만의 물조차도 마치 흐르지 않는 것처럼 보였다. 시간이 멈춰 버린 사이에 우리 둘만 우뚝 서 있는 듯한 느낌이었다. 문득 '이런 곳에 사람이 산다고…?'라는 의문이 들었다. 하지만 지금 우리는 분명 사람 사는 집들 사이에 들어와 있지 않은가.

생각이 통했는지 남편이 먼저 입을 열었다.

"이런 집에서 살면서 매일 이런 경치를 보면 대체 어떤 기분일까. 설마 지겨울까?"

"글쎄, 아무리 그래도 이런 경치가 지겨워지긴 어려울 것 같은데. 그치만 주변과 너무 동떨어져 있는 마을이라서 좀 무섭긴 하겠다."

우린 미국의 작은 시골 마을에서 사는 것을 상상하며 수다를 떨다가 그 위험성에 대한 내용으로 대화를 이어 갔다.

미서부 여행을 하고 있으니 왠지 총기 소지가 가능한 미국의 법에 대해 조금은 이해가 됐다. 허허벌판에 이렇게나 작은 마을이 있고, 차를 몰고 몇십 분은 가야 다음 마을이 나온다. 위험한 상황이 닥쳤을 때 본인의 신변을 보호해 줄 수 있는 것은 바로 자기 자신뿐일 것이다. 공권력이 책임져 주길 기다리고 있을 시간은 없다. 범죄나 사고 때문에 항상 총기 소지에 대해 많은 논란이 있어도 앞으로도 미국의 법은 바뀌기 어려울 것 같다는 생각이 들었다. 총기를 소지함으로써 개인이 안전해지기 때문이다. 미국 여행을 하기 전에는 설명을 들어도 절대 이해할 수 없었던 부분이다. 하지만 이 끝도 없이 넓은 땅덩어리를 보며 몸소 느낄 수 있었다.

"너무 시골은 말고, 자연이 가까이 있는 도시에 사는 것이 좋겠다."

햇빛이 머리카락을 한 올, 한 올 뚫고 들어와 두피까지 타들어 갈 듯한 뜨거움을 느낀 우리는 급히 이야기를 마무리하고 후다닥 차로 돌아갔다.

나중에 검색하면서 알게 된 사실이지만 실제 전망대는 다른 쪽에 있었고 우리가 길을 조금 잘못 들었던 것 같다. 당시에도 뭔가 이상하긴 했으나 인터넷이 터지지 않아 어찌할 도리가 없었다. 어찌되었든 상관없다. 우리가 이곳의 존재조차 모르고 지나갈 수도 있었지만 그러지 않았다는 사실이 가장 중요했다. 또 전망대에는 가지 못했어도 우린 그곳에서는 볼 수 없는 또 다른 시각으로 와입만을 마주할 수 있었다.

나는 가기로 계획한 모든 캐니언들의 사진을 PPT 파일에 정리해 놓았을 정도로 여행 준비에 극성이었다. 하지만 우연히 마주한 풍경에서는 또 다른 개념의 감동이 밀려왔다. 아무런 정보 없이 사진으로조차 보지 못했던 그 모습 앞에서 놀라움은 더욱 극대화되었다. 오죽하면 내 눈앞에 보이는 물이 진짜 물이 맞는지 의심을 했을까.

미서부 로드트립이 더욱더 재미있어지는 순간이었다. 도무지 숨길 수 없는 흥분을 지닌 채 우리는 다시 달리기 시작했다. 유타와 애리조나의 경계를 드나들면서.

조금 더 달려가다 보니 글렌캐니언댐Glen Canyon Dam을 가리키는 관광명소 표지판이 보였다. 이번에는 지체 없이 바로 그 길을 따라 방문자센터로 들어갔다. 건물 내부에서 유리창으로 전

망을 볼 수 있었는데, 글렌캐니언댐은 이곳의 대자연만큼이나 그 규모가 어마무시했다. 댐에는 조금 전에 보았던 와입만 줄기를 따라온 물이 모이고 있었다. 아까보다 훨씬 컬러풀하고 속 시원한 풍경이었지만 왠지 오래 있을 수가 없었다. 차가운 느낌이 나는 대형 콘크리트 미끄럼틀은 쳐다볼수록 현기증이 났다. 나름 자연과 잘 어우러지게 지어진 건축물이었지만, 내가 보기에는 대자연에 도전하는 인간의 기술 같은 느낌이 더욱 강했다.

우리는 "우와… 크다아…" 따위의 감탄사를 내뱉다가, 어지러움에 금방 문을 나섰다.

\#08

아름답고도 아찔한 그곳, 말발굽 협곡

글렌캐니언댐에서 말발굽 협곡은 차로 10분 거리였다. 커내브에서 오는 길에 워낙 여기저기로 많이 새긴 했지만 드디어 우린 목적지인 말발굽 협곡에 도착했다.

말발굽 협곡은 주차장에 차를 대고 20분가량 걸어가야 그 모습을 볼 수 있었다. 말이 20분이지, 사막에서 걷는 그 시간은 너무도 길게 느껴졌다. 오죽하면 주차장에 'Take water!', 물을 꼭 챙겨 가라는 빨간 표지판이 걸려 있고, 글 아래에는 한 사람당 한 병씩 챙겨 가야 한다는 그림까지 진설하게 그려져 있나. 그 표지판은 왠지 상상의 나래를 펼치게 만들었다. 주차하고 들어가자마자 말발굽 협곡의 모습이 보일 것이라 기대하고 아무런 준비 없이 나섰다가 중간에 탈진해서 픽픽 쓰러지는 여행자들의 모습이 머릿속에 떠올랐다. 아이고, 그러면 큰일 나겠다 싶어 서둘러 차에서 물을 세 병 챙겼다.

우리는 도저히 눈을 뜰 수 없는 오렌지색 땡볕 아래에서 오렌지색 모래언덕을 무겁게 걸었다. 가는 길은 잡초들만 무성한 황무지에 가까웠기에 이 근처에 그런 경관이 있다는 것이 믿기지 않았다. 그래도 말발굽 협곡을 실제로 볼 수 있다는 희망에 가득 찬 우리는 힘을 냈다. 그렇게 모래길을 지나고 나니 얇은 빵을 겹겹이 쌓아 만든 크레이프 케이크처럼 얇은 암석이 층층이 쌓여 있는 특이한 지형이 나타났다. 그 지형을 밟으며 좀 더 걸으니 드

디어 저 멀리에 푹 패어 있는 무언가가 보이기 시작했다. 여행 다큐멘터리의 연출처럼 좀처럼 쉽게 전체의 모습을 드러내지 않는 협곡이 우리의 애간장을 태웠다.

사람들이 몰려 있는 절벽 쪽으로 다가가자 조금씩 협곡의 모습이 선명해지기 시작했다. 시야에 들어오는 말발굽의 범위가 확장될수록 두근, 두근, 심장이 뛰었다. 그리고 마침내 맞이한 경관은, 신비함, 그 이상이었다.

말발굽 모양의 거대한 바위를 중심으로 콜로라도강이 원형으로 흐르며 휘감고 있었다. 이렇게까지나 깊게 바위를 깎기까지 대체 얼마나 오랜 세월이 필요했을까. 진한 코발트블루색을 지닌 강에는 그 물결을 따라 초록빛 띠가 춤추고, 그 규모를 비교해 주듯 개미만큼 작은 보트 하나가 강물을 지나가고 있었다. 웅장함 안에 담겨 있는 그 섬세한 색의 조화가 눈이 부시게 아름다웠다.

이곳에는 안전망이 전혀 없어서 뻥 뚫린 풍경을 있는 그대로 만끽할 수 있었다. 절벽 근처에 서면 콜로라도강 목걸이를 한 말발굽 바위가 온전한 모습을 드러냈다. 그 말인즉슨, 그만큼 위험하기도 했다는 뜻이다. 경관을 둥그렇게 둘러싼 전망 절벽에 많은 사람들이 불안한 모습으로 따닥따닥 붙어 있었다.

그들은 절벽 중에서도 가장 높은 곳을 찾아 목숨을 걸고 인증사진을 찍었다. 쫄보인 우리는 절벽에 가까워질수록 비장한 표

정을 하고 낮은 포복을 유지하며 거의 기어가다시피 전진했다. 그 높이가 어찌나 높던지 다리가 파들파들 떨렸다. '어, 딱 거기까지만 가자', '안 돼', '위험해', '조심해' 따위의 말들을 속사포 랩처럼 뱉어 내며 우리도 겨우 사진을 남길 수 있었다. 그나마 안전해 보이는 곳에서 찍은 사진인데도 다시 볼 때마다 오금이 저리는 기분이다.

워낙 유명한 관광지여서인지 말발굽 협곡은 지금까지 들렀던 장소 중에 가장 붐볐다. 특히 여행을 시작하고 거의 마주치지 못했던 한국인들도 이곳에서는 많이 보였다. 나의 경우 해외여행 중 한국인이 많은 장소에 갈 때면 나도 모르게 말을 아끼게 된다. 외국어 사이에 모국어가 들리면 마치 확성기 켜고 얘기하듯이 증폭되어 들리기 때문이다. 왠지 내가 하는 모든 이야기가 그들의 귀에 확장된 소리로 들어갈 것만 같아 신경이 쓰이곤 한다.

하지만 여기서 큰 소리로 나온 우리의 속사포 랩은 그런 것들을 걱정할 겨를도 없이 속수무책으로 두다다다 튀어나왔다. 많은 한국 분들이 그 소리를 들었을 거라 생각하니 조금 부끄러워지기도 했지만, 사실 이런 위험한 곳에서의 용감함은 그리 자랑스러울 것이 못 된다. 거대한 자연 앞에서 용감하다는 허세를 부리다가는 크게 혼쭐이 날지도 모를 것이다.

'우리처럼 겁내는 게 맞는 거야.'

이렇게 생각함으로써, 유난스러웠던 우리의 호들갑을 합리화했다.

우린 이렇게 또 하나의 미지의 세계를 정복한 뒤 만족스럽게 주차장으로 돌아왔다. 가져간 세 병의 물을 이미 탈탈 털어 다 마셨지만 갈증이 멈추지 않았다. 차 뒷자리에 구비해 둔 물을 마시려고 집어 들었는데 페트병이 너무 뜨거워 물속으로 녹아들어 갈 지경이었다. 아쉬운 대로 뜨거운 물을 벌컥벌컥 마신 우리는 점심을 먹으러 피에스타Fiesta라는 이름의 멕시칸 레스토랑으로 향했다.

식당 안으로 들어가니 알록달록한 멕시코풍의 인테리어가 눈에 띄었다. 약간은 촌스러운 듯 이국적인 그 모습이 내 취향에 딱 들어맞았다. 식당 직원들 역시 남미계 사람들이라서 정말 우리가 멕시코라도 온 듯한 기분이 들었다. 큰 소리로 흘러나오는 남미 음악이 너무나도 신이 나서 나는 또 앉은 자리에서 몸을 흔들기 시작했다. 남편도 질세라 두 검지 손가락을 드럼 스틱 삼아 테이블을 두들기며 박자를 맞추었다. 흥겨운 기다림의 시간이 지나고 드디어 우리 앞에 반가운 멕시칸 음식이 놓여졌다. 밥도 먹으랴, 동시에 춤도 추랴 밥이 코에 들어가는지 입에 들어가는지 몰랐다. 대망의 앤털로프캐니언을 갈 생각에 한껏 들뜬 우리는, 에너지를 든든히 보충해야 한다고 강조하며 "한 포크(?)만 더 먹자"라는 말을 반복했다. 그렇게 큰 접시를 꽉꽉 채워 한가득 나온 음식을 열심히도 먹었다.

#09

여기서 재발하지 말아 줘, 제발!

앤털로프캐니언은 윈도 배경화면으로도 알려져 있는 유명한 관광지이다. 특히 협곡 사이로 햇빛이 새어 들어오는 사진은 『죽기 전에 꼭 봐야 할 자연 절경 1001』 같은 책의 표지나 광고에서도 종종 볼 수 있다. 이 경이로운 모습을 보기 위해서 여행자들은 주로 해가 가장 높이 떠 있는 12시 전후에 몰린다.

앤털로프캐니언은 여행자가 개별적으로 들어갈 수 없고, 나바호 인디언들이 진행하는 투어를 통해서만 입장이 가능하다. 우리도 1시 투어에 참여하기 위해 무려 5개월 전에 예약을 했다.

투어는 사무실에 모여서 다 같이 트럭을 타고 앤털로프캐니언까지 이동하는 방식이었다. 조금 일찍 도착한 우리는 주차를 한 뒤 별 것 없는 근처를 서성거리며 출발 시간을 기다렸다. 에어컨으로 도저히 해결이 되지 않는 작열하는 태양 때문에 차 안에서 기다릴 수 없는 상황이었다.

그런데, 내 다리 상태가 심상치 않았다. 무릎이 살살 시리고 허벅지가 아파 왔다. 그냥 가볍게 걷는 수준인데도 두 다리를 지탱하는 것이 어려워 쩔뚝거리기 시작했다. 맙소사. 불길한 예감이 스쳐 지나갔다.

아무래도 횡문근융해증이 재발하려는 듯했다. 횡문근융해증이란, 갑작스럽게 과격한 운동을 했을 때 근육이 녹으면서 생기는 질환이다. 이 설명으로만 봐서는 근육이 다친 것, 즉 물리적인 것으로 느껴지지만 이 질환이 정말 위험한 이유는 따로 있다. 녹은 근육 속에 있는 독성물질들이 혈액 속으로 스며들면서 신장병으로 이어질 수 있기 때문이다.

신혼여행 약 5개월 전, 나는 체력을 키울 겸 헬스장을 등록했었다. 결혼식과 신혼여행 일정을 씩씩하게 소화해 내기 위해서였다. 그리고 그곳에서 들어간 스피닝 수업 첫 시간에, 미련할 정도로 너무 무리해 버렸다. 뭐든 이 악물고 끝을 보는 습관이 독화살로 돌아와 버린 것이다. 내가 다리에 감각이 없어질 때까지 죽어라 페달을 돌리고 있을 때, 내 옆 사람은 너무 힘들었는지 도중에 포기하고 수업을 나가 버렸다. 그 순간 나는 '처음 들어온 나도 이렇게 끝까지 하는데. 의지박약이네…'라는 생각을 하며 그 사람을 조금 비웃기도 했다. 하지만 불과 며칠 뒤 그 사람이 얼마나 현명했는지, 또 내가 얼마나 한심했는지에 대해 한참을 반성할 수밖에 없었다. 비웃을 건 또 뭐람. 생각하면 할수록 나의 오만함이 너무나도 부끄러워졌다.

운동을 한 지 이틀째 되던 밤엔 잠을 못 잘 정도로 아팠고, 그다음 날에는 제대로 일어서지도 못했다. 결국 응급실에 갔다가 그 길로 입원을 해서 치료를 받았다. 퇴원은 금방 했지만 정상적인 다리로 돌아오는 데까지는 두 달 남짓 걸렸다. 그마저도 재발률이 매우 크다기에 결혼식 때까지는 웬만하면 걷는 행위 자체를 피했다.

이 정도 조심했으니 여행 중 가벼운 운동 정도는 괜찮을 거라고 생각했다. 하지만 결혼식 때 신은 높은 굽의 구두, 스니커즈를 신고 강행한 자이언캐니언 트래킹, 또 무리한 일정을 소화하느라 저조해진 컨디션 등이 복합적으로 작용하여 다리에 또 탈이 나려는 듯 보였다.

그 질환이 얼마나 갑작스럽게 찾아오는지, 그 질환을 앓으면 얼마나 고통스러운지, 또 방치했을 때 얼마나 위험한지 잘 알기에 두려웠다. 내가 얼마나 손꼽아 기다려 온 신혼여행인데, 샌프란시스코는 가지도 못하고 한국으로 돌아가야 하는 것은 아닌지, 미국 응급실에서 병원비로 엄청난 돈을 지불해야 하는 일이 생기는 건 아닐지 별별 생각이 다 들었다. 그저 전조증상이 나타난 것뿐인데도 나는 막막해졌다.

더군다나 우리가 이번 여행을 계획하며 가장 기대했던 곳이 다름 아닌 이곳, 앤털로프캐니언이었다. 현실을 도무지 받아들이지 못하는 나를 보며, 남편은 걱정스러운 표정으로 물었다.

"우리 투어 포기하는 게 어떨까?"

나는 한참 동안 아무런 대답도 하지 못한 채 뜨거운 태양 아래 엉거주춤 서 있었다. 미련해서 얻었던 질환이지만, 앤털로프캐니언 앞에서 마지막으로 한 번만 더 미련해지고 싶었다. '괜찮지 않을까?'라는 문장이 계속해서 머릿속을 맴돌았다.

"이번 투어까지만 조심해서 다니고, 이다음 일정부터 한참동안 안 걸으면 괜찮지 않을까? 그랜드캐니언은 내가 가 봤던 곳이니까, 아쉽지만 오빠 혼자 트래킹하면 되고… 라스베이거스는 도시니까 휠체어라도 빌릴 수 있지 않을까? 일단 앤털로프캐니언이 실제로 어떻게 생겼는지만이라도 보고 싶어… 이대로 돌아설 수는 없어."

고대하던 앤털로프캐니언을 앞에 두고 나는 판단 능력을 잃어 버렸다. 하다못해 앤털로프캐니언의 입구라도 구경해 보고픈 욕심은 좀처럼 사그라지지 않았다. 오늘 받기로 한 벌을 내일로 미루고 두려움에 떨고 있는 죄인처럼, 찜찜한 마음을 지닌 채 고집을 부렸다. 내 말을 들은 남편은 골똘히 생각하더니 이내 결론을 내렸다.

"혹시 갔다가 못 걷게 되면, 내가 업어 줄게! 가자!"

우리는 비장한 얼굴을 하고 사무실에 들어갔다. 사무실 한편에 붙어 있는 불편한 벤치 의자에 억지로 궁둥이를 붙이고는 투어 시간이 오기만을 기다렸다. 그 잠깐의 시간이 유독 길게 느껴졌다.

드디어 한 남자분이 대기하고 있던 인원들을 모아 인솔을 하기 시작했다. 쩔뚝거리며 따라간 주차장에는 하얀색 픽업트럭이 주차되어 있었다. 트럭 뒤쪽의 짐칸에는 관광객들이 마주 보고 앉도록 두 줄의 의자가 붙어 있었는데, 이 트럭을 보는 것만으로도 설레서 왠지 다리가 나을 것만 같았다. 먼저 트럭에 올라간 남편의 손을 잡고 웃챠, 올라가서는 자리를 잡았다. 내 옆에 앉은 흑인 여성분께 찡긋 눈인사를 했을 정도로 갑자기 마음에 여유가 생겼더랬다.

그런데 문제는, 우리를 태운 트럭이 한참 동안 출발을 하지 않았다. 얼른 이 트럭 뒤에서 오프로드를 달리고 싶은데. 답답한 마음이 들 때쯤 인솔자가 오더니 운전석에 타지 않고 우리 쪽으로 왔다. 사람들에게 뭐라고 이야기를 하는데 잘 들리지 않았다. 그중 'Get off'라는 말이 귀에 스쳐 지나가고, 가까이에서 그의 이야기를 들은 사람들이 하나둘 트럭에서 내리기 시작했다.

대체 이게 무슨 일이야? 아픈 다리를 이끌고 간신히 트럭에서 내려 사람들을 뒤따라 사무실로 갔다. 그리고 직원으로부터 앤털로프캐니언이 갑자기 점검을 하게 되어 출입이 불가하다는 청천벽력 같은 소식을 들었다.

미국의 다른 국립공원과 마찬가지로 앤털로프캐니언에서도 가끔 이런저런 사고가 발생하는 모양이었다. 비가 오면 고립될 수도 있는 지형이라 투어가 취소되는 경우도 있다고 듣긴 했다만, 우리가 간 날은 날씨가 너무 좋았다. 정확한 이유를 알려 달라 해도 직원은 끝까지 에둘러 답하기만 했다. 믿을 수가 없었다. 포기하고 환불 절차를 밟고 있는 다른 사람들을 보니 그제야 실감이 났다. 우리도 마지못해 사람들 뒤에 줄을 섰다. 환불 서류를 받아 든 남편과 나는 그 자리를 쉽사리 떠나지 못하고 아쉬운 마음을 서성였다.

그렇게 터덜터덜 사무실을 빠져나와 차에 탔다. 하지만 시무룩했던 시간도 잠시. 우리는 이내 기운을 차렸다. 내 선택과는 반대의 결과를 마주하게 되었지만 한편으로는 조금 다행이라는 생각도 들었다.

"잘됐지 뭐, 욕심부렸다가 더 아파졌으면 어쩔 뻔했어. 오늘은 빠르게 모뉴먼트 밸리로 가서 오랫동안 그 풍경을 즐기자."

이 타이밍에 투어가 취소된 것은 더 이상 미련하게 살지 말라는 하늘의 목소리로 받아들이기로 했다.

#10
물과의 전쟁이 시작되었다

그제야 잠시 미뤄 두었던 다리가 눈에 들어왔다. 서둘러 주
변에 약국을 찾아보았으나 마땅한 곳이 없었다. 그나마 차를 타
고 조금 더 가니 마트 안에 딸린 약국이 하나 있었다. 많은 종류의
약들이 진열되어 있었지만 나의 근육을 달래 줄 만한 것은 크림
형태의 파스뿐이었다. 수시로 발라 줘야 할 텐데 하필 긴바지를
입고 있을 게 뭐람. 아픈 다리를 파들파들 떨며 겨우 반바지로 갈
아입고는 다시 차에 탔다. 또 독박운전을 해야 하는 남편에게 미
안한 마음이 앞섰다.

"미안해, 오빠…"

그는 백 번 괜찮다고 했다. 우리 둘 다 마음속은 매우 불안한
상태였지만 서로를 있는 힘껏 격려하고는 다음 목적지로 출발했
다. 나는 조수석에 앉아 파스를 온 다리에 덕지덕지 바른 채 혈액
순환을 위해 자동차 환풍구 위쪽으로 두 다리를 올렸다. 에어컨
의 시원한 바람이 다리에 닿으며 파스와 손뼉을 쳤다. 이 시너지
효과에 다리의 감각이 무뎌지는 듯했다. 달리는 우리의 빨간 렌
터카 안은 화한 멘톨 향으로 가득 찼다. 그리고 나는, 물과의 전쟁
을 시작했다.

불행 중 다행이었던 것은 횡문근융해증의 치료법이 그저 '물
많이 마시기'뿐이라는 사실이었다. 병원에 입원했을 때도 며칠간
링거를 통해 몇 리터씩 몸에 수액을 넣고 수시로 화장실을 가는

것 외에는 별다른 치료법이 없었다. 피를 묽게 정화시켜서 독소를 빼내는 방식이다. 나는 절대 신혼여행 도중 돌아가는 일은 만들지 않겠다며, 차 안에 있는 물을 다 마셔 버릴 기세로 페트병을 해치우기 시작했다.

문제는 무심한 애리조나의 길은 쉽사리 화장실 모습을 보여 주지 않았다는 것이다. 나는 남편에게 계속해서 경고를 던졌다.

"오빠. 내가 최선을 다해서 참아 보겠지만, 정 못 참겠으면 얘기할게. 길가에 세워 줘. 신혼여행 중에 이런 모습을 보이게 되다니… 미리 사과할게. 그래도 한국으로 돌아가는 것보단 낫잖아? 그치?"

남편은 웃으며 대답했다.

"그럼! 말만 해. 내가 언제든 세워 줄게. 근데 이 길은 정말 가면 갈수록 허허벌판 밖에 안 보이네. 가리개로 쓸 만한 게 없어 보여…. 뭐, 어쩔 수 없지. 내가 옷이든 뭐든 준비해서 열심히 가려 줄 테니 너무 걱정하지 마."

우리는 계속해서 화장실 농담을 하고 웃으며 긴장을 풀었다. 하지만 이내 나는 '그만!'을 외쳤다.

"오빠! 계속 의식하니까 화장실 더 가고 싶은 것 같아. 그냥 조용히 가자."

속으로 다른 생각, 다른 생각을 외치며 열심히 참았다. 남편과 나는 3년 동안 연애를 하고 결혼을 했지만 아직 생리적인 현상에 대해 낯을 많이 가렸다. 혹여나 낯을 안 가린다 한들, 신혼여행 중에 허허벌판에서 남편이 가려 주는 옷 쪼가리에 의지하며 볼일을 봤다가는 남은 결혼 생활 내내 부끄러움에 이불을 걷어찰 것 같다는 예감이 들었다.

다리를 생각하면 무한정으로 물을 마실 수 있을 것 같은데, 화장실을 생각하니 차마 그럴 수가 없었다. 눈도 잠시 붙여 보고, 노래도 불러 보고, 바깥 풍경도 쳐다보다가 한계점에 다다를 때쯤이었다. 지평선 저 멀리 흐릿하게 무언가가 보였다. 계속 직진만 하다가 처음 좌회전을 해야 하는 구간이 다가오고 있었다. 말이 직진이지 구불구불 제멋대로였던 길의 끝에, 아주 정직하게 90도로 꺾인 삼거리가 구글 내비게이션에 그려졌다. 무언가가 보인다는 자체로도 이미 흥분이 된 나는 눈을 크게 뜨고 삼거리를 노려보았다. 그곳엔 무려 '주유소'가 보였다…! 하지만 허허벌판에 나타난 셀프 주유소와 화장실이 필연적인 관계는 아니었기 때문에 방심하긴 일렀다.

빠르게 달려 주차를 하기 무섭게 나는 앞만 보고 일단 뛰어 들어 갔다. 아, 그곳은 무려 마트와 쾌적한 화장실이 딸린 주유소였다.

'이것이 진정한 사막 속 오아시스로구나…!'

나는 말로 표현 못할 환희를 느꼈다. 이번 여행 중 만난 마트는 언제나 반가웠는데, 이번에는 타지에서 엄마를 만난 아이처럼 특히 더 반가웠다. 마트 화장실에서 시원하게 근심과 회포를 푼 나는 아주 가벼운 몸으로 나와 앞에서 기다리고 있던 남편과 눈을 마주쳤다. 그는 활짝 웃는 나를 보며 그제야 안심을 했다.

그렇게 긴장감 넘치던 물과의 전쟁을 잠시 휴전한 뒤 우린 손을 마주 잡고 마트에 들어갔다. 제일 먼저 내일 아침거리가 될 만한 것을 찾아보았다. 난 여행 중에는 돈을 아낄 겸, 그리고 현지의 음식을 한 번이라도 더 먹을 겸 조식을 잘 신청하지 않기 때문이다. 냉장고 안에는 슬라이스 햄과 치즈가 아주 탐스럽게 진열되어 있었다. 날씨가 많이 더운데 신선 제품을 사도 될지 고민이 됐지만, 우리 차의 빵빵한 에어컨을 믿으며 샌드위치 재료들을 집어 들었다.

목적지까지 앞으로 한 시간 반 정도를 더 달리면 되었다. 거의 앉아만 있으니 아플 일이 없었지만 자꾸만 다리에 시선이 갔다. 하지만 불안함으로 이 시간을 보내기엔 바깥 풍경이 너무 근사했다. 밀려오는 부정적인 내면의 소리를 듣지 않기 위해 일부러 더 큰 목소리로 노래를 부르고 감탄의 소리를 질렀다. 내 시선은 풍경을 이루는 모든 것들에 집중하기 시작했다.

그렇게 모뉴먼트 밸리로 가는 길. 유명한 '세 개의 돌'은 쉽사리 그 모습을 보여 주지 않았다. 거대한 돌이라면 호텔이 다가올 때쯤부터 보여야 할 것이 아닌가. 우린 도착하기 30분 전부터 지나가는 모든 돌에다 대고 이야기했다.

"저 돌이 그 돌 중 하나인가? 아님 저게 그건가? 아, 대체 어떤 풍경일까? 너무 궁금해!"

여행 준비를 열심히 한다고 했지만 사진이나 검색만으로는 도저히 감이 잡히지 않았던 곳이 바로 모뉴먼트 밸리였다. 그랜드서클 루트 중 가장 멀었기에 갈지 말지 많이 고민하게 만들었던 목적지이기도 했다. 대체 그 세 개의 돌기둥이 무엇이기에 우리를 이 먼 곳까지 오게 했을까. 노력에 비해 별 거 없어서 실망을 하진 않을까, 라는 걱정도 조금 들었다.

　　하지만 우린 그곳으로 향하는 길에서 세 개의 돌뿐만이 아니라 다른 기암괴석들을 많이 볼 수 있었다. 그러니 이미 알고 있는 세 개의 돌을 찾겠다며 집착하는 일은 그만두기로 했다. 어느 높은 곳에 솟아 있는, 기도하는 여자처럼 생긴 바위가 눈에 들어오기도 했다. 그녀는 성스러운 기운을 내뿜으며 그 자리를 지키고 있었다. 이렇듯 눈앞에 다가왔다가 지나쳐 가는 모든 사암이 각자의 세월과 사연을 담고 있는 듯했다.

#11
이곳이 정녕 지구가 맞는 거야?

아직 해가 구름 조각에 걸쳐 있을 때쯤, 우린 드디어 모뉴먼트 밸리의 숙소 더 뷰 호텔The View Hotel에 도착했다. 주차장에 주차를 하고 호텔 맞은편으로 가 보니 전망대가 있었다. 우리가 그토록 외치던 세 개의 바위 기둥이 드디어 모습을 드러냈다. 그 광경을 보는 순간, 나의 목구멍은 턱, 하고 막혀 버렸다. 벌어진 나의 입은 흙빛의 텁텁한 애리조나 공기를 머금을 때까지도 좀처럼 닫을 수 없었다. 내가 마치 우주에 있는 어떤 별 하나에 서 있는 기분이었다.

"우린 그저 태평양만 건너왔을 뿐인데, 이곳이 정녕 지구가 맞는 거야?"

끝없이 펼쳐진 황무지 위에 거대한 바위 세 개가 삼각형을 이룬 채 균형 잡힌 모습으로 서 있었다. 그 모습이 상상 그 이상으로 웅장하고, 또 눈물 나게 아름다워서 현실감이 떨어졌다. 저 거대한 사암들 사이로 카우보이를 태운 말이 흙먼지를 날리며 달리는 상상을 했다. 서부 영화를 제대로 본 적은 없지만 이런 모습이겠구나, 싶었다.

미서부 자연의 삭막한 아름다움은 푸릇푸릇하게 숨 쉬는 자연의 아름다움과는 확실히 달랐다. 척박한 땅에서 느껴지는 그 숨결은, 매번 나의 장기 깊숙한 곳까지 들어와 내 마음을 울렸다. 그 숨결이 지나간 자리엔 미지의 세계에 대한 경외심이 남았다.

이쯤에서 '더 뷰 호텔'에 대한 설명을 덧붙이지 않을 수 없다. 모뉴먼트 밸리는 나바호 인디언*의 보호구역이며, 이 모뉴먼트 밸리 지역 안에 있는 유일한 호텔이 바로 더 뷰 호텔이다. 물론 이 호텔은 나바호 인디언들이 운영한다.

　이곳은 바깥 풍경뿐만 아니라 호텔 자체가 하나의 박물관이었고, 또 하나의 여행이었다. 우리가 모뉴먼트 밸리에 와서 한 일이라곤 이 호텔에 머무른 것이 전부였지만 그것만으로도 이 여행은 충분히 가치가 있었다. 호텔 내부에는 단 한 군데도 인디언의 손길이 닿지 않은 곳이 없었다. 로비에서부터 보이는 벽에 걸린 기하학적 패턴의 카펫들과, 인디언 형태의 작은 수제 인형들, 인디언의 모습을 형상화하여 그린 액자들…. 구석구석에 있는 모든 것들이 나의 마음을 녹아들게 했다. 우리가 묵을 방의 문을 열자 방 안에서도 아기자기한 인디언 소품들이 우리를 따스하게 맞이했다. 오래된 건물에서 나는 약간의 퀴퀴한 냄새마저도 왠지 나에겐 포근함으로 다가왔다. 마치 시골의 오래된 할머니 집에 온 듯한 편한 느낌 말이다.

　모뉴먼트 밸리에 머물고 있자니 다소 애석한 인디언의 역사가 떠올랐다. 백인 개척자들은 인디언을 잔인한 방식으로 몰아내고, 이토록 아름답고 풍요로운 터전을 빼앗았다. 그로 인해 미

* '인디언'이라는 호칭은 콜럼버스가 미국 대륙을 발견했을 때 '인도'로 착각하여 부르기 시작한 이름이다. 따라서 미국에서는 주로 Native American, 즉 미국 원주민이라는 표현으로 많이 불린다고 한다. 이 글에서는 우리에게 익숙한 '인디언'이라는 호칭을 선택했다.

국이라는 나라가 탄생하고 세계적인 강대국이 된 것은 사실이지만, 그 아픈 역사를 지닌 채 이곳에 남아 있는 인디언들은 얼마나 서글플까. 몇백 년이 지난 지금도 가난을 피하지 못한 채 보호구역을 방황하며 살아가는 인디언들이 많다고 한다. 척박한 모뉴먼트 밸리의 땅이 왠지 인디언의 모습을 닮아 더욱 쓸쓸해 보였다. 그런 의미에서 더 뷰 호텔은 꿋꿋하게 본인들의 전통을 지켜 내며 살고 있는 인디언들의 숨결을 조금이나마 느낄 수 있는 곳이었다.

"오빠, 저녁을 일찍 먹어야 소화시키고 일찍 잘 수 있겠지?"

"배가 전혀 안 고프지만, 그게 좋을 것 같아."

우린 짐을 풀고 호텔 안의 레스토랑으로 향했다. 운 좋게 모뉴먼트 밸리가 한눈에 보이는 창가 자리를 차지한 우리는 그 비현실적인 경치를 배경 삼아 식사를 했다. 인디언 음식은 꽤 맛있었지만 그전에 계속해서 물을 한가득 마신 데다 앤털로프캐니언에 가겠다며 점심을 과식했던 터라 밥이 잘 넘어가지 않았다. 배불리 먹고 산책이라도 하면 좋겠지만, 나는 꼼짝없이 앉아 있어야 할 운명이기에 일찍 포크를 내려놓았다.

식당 옆에는 'Trading Post'라고 적힌 기념품숍이 있었다. 인디언이 만든 공예품을 파는 곳이었다. 밥을 먹은 뒤 그곳을 구경하며 나는 연신 입에서 튀어나오는 비명을 손으로 틀어막았다. 정말이지, 평소 내가 좋아하던 느낌의 소품들이 죄다 모여 있었다.

"오빠, 아무래도 난 완전히 인디언 취향인 것 같아. 여기 있
는 거 몽땅 다 사고 싶어. 어휴, 진짜 큰일 났다. 이거 보여? 내가
평소에도 좋아하는 패턴들이잖아!"

구매 욕구가 화산처럼 솟구쳐 올랐다. 어쩌면 내가 전생에
인디언이었을지도 모른다는 생각마저 들었다. 하지만 전통 수공
예품인 만큼 가격이 조금 있는 편이었다. 겨우 마음을 추스르고
신혼집 소파를 장식할 작은 카펫과 모뉴먼트 밸리가 그려져 있는
작은 도자기, 그리고 컵 밑에 받칠 코스터를 몇 개 구입했다. 평소
차와 맥주를 즐겨 마시는 우리에게 코스터는 가성비 최고의 기념
품이었다.

쇼핑을 마무리하고 방으로 들어와 붉은색 커튼을 걷으니 석
양이 지고 있는 모뉴먼트 밸리의 전경이 눈앞에 펼쳐졌다. 테라

스에 놓여 있는 의자에 앉아, 그 광활한 대지를 또 한참 동안 멍하니 바라보았다. 눈앞에 펼쳐지는 이 대자연 속에서는 여백의 미가 느껴졌다. 가만히 지켜만 보고 있어도 나의 감정과 생각들이 그 넓디넓은 빈 공간을 채웠다.

오늘 하루 동안은 이 말도 안 되는 풍경이 바로 내 것이었다. 근엄하게 자리를 지키고 있는 바위 기둥이 "난 항상 여기에 있으니 언제든 보러 와"라고 속삭이는 듯했다. 우린 하늘이 푸른빛에서 검정 빛으로 변하고, 그 위에 별들이 콕콕 박힐 때까지 오래도록 그곳에 앉아 있었다.

행복했다. 정말 온 마음 다해 벅차오를 만큼 이 순간이 행복했다. 하지만 사실 그 뒤엔 불안함도 함께 따라왔다. 내 다리는 아직도 병을 잠재하고 있는지, 아니면 더 나아질 수 있는 것인지 대답이 없었다. 마치 언제 터질지 모르는 시한폭탄을 지니고 다니는 기분이었다. 혹시나 응급실에 갈 것을 대비해 휴대폰에 여행자보험 약관을 다운로드 했는데, 파일을 열어 보니 몇백 페이지가 빼곡하게 적혀 있었다. 괜히 더 막막해진 나는 휴대폰 화면을 꺼 버린 채 생각에 잠겼다.

이 상황이 왠지 내 인생과 닮은 것 같아 조금 슬펐다. 난 행복한 순간이 올 때마다 이 순간이 끝난 뒤 언젠가 찾아올 불행을 미리 걱정하곤 했다. 그래서 더더욱, 이 역경을 혼자가 아닌 남편과 함께 무사히 이겨 낸 뒤에, 꼭 행복한 결론을 내리고 싶었다. 내

인생, 온전히 행복함을 느껴도 괜찮다는 결론 말이다.

남편은 불안해하는 나를 토닥여 주었다. 걱정에 잠들지 못할 것만 같았던 모뉴먼트 밸리의 밤, 나는 그 위로에 보답하듯 곤히 잠들었다.

 DAY 4

다음 날, 우리는 일출을 보기 위해 일찍 일어나 테라스로 나갔다. 다소 쌀쌀한 공기가 살갗에 닿았다. 나는 방에 비치되어 있던 인디언 패턴이 그려진 담요를 몸에 두른 채 해가 나타나길 기다렸다. 드넓은 지평선 끝에 둥그런 해가 서서히 올라오고 잠들어 있던 온 세상이 황금빛을 받으며 깨어났다. 따스한 빛이 우리의 온몸을 감싸는 그 시간이 마치 하나의 성스러운 의식처럼 느껴졌다. 대자연 앞에 경건해진 우리는 사뭇 진지한 태도로 그 시간에 임했다. 낭만적이고 경이로웠던 모뉴먼트 밸리에서의 일출은 평생을 잊지 못할 모습으로 내 마음속에 각인되었다.

해가 뜬 뒤에도 내가 여전히 바깥 풍경에 취해 있는 동안, 남편은 빵 사이에 양상추, 햄, 치즈 등을 끼워 샌드위치를 만든 뒤 요거트와 함께 건넸다. 칼이나 포크조차도 없어서 모든 재료를 손으로 찢고 얹어서 만든 샌드위치였지만, 어떤 고급 호텔의 조식도 이렇게 맛있을 수는 없었을 것이다. 더불어 이 아침을 더욱 완벽하게 만든 것은 바로 나의 몸 상태였다. 잘 자고 일어나 보니

다리가 조금 가벼워진 것이다. 아마 다리를 거의 쓰지 않고 몇 리터씩 물을 마신 덕분인 듯했다. 방심하면 안 되겠지만 호전됐다는 사실만으로도 우리에게는 희망이 생겼다. 내가 불안해할까 봐 지금까지 애써 괜찮은 척을 하던 남편도 그제야 안도의 한숨을 쉬며 날 안아 주었다.

"무서웠지? 고생 많았어. 이제 앞으로 차차 더 좋아질 거야. 여행 끝날 때까지 조심하자, 우리."

우리는 이제 그랜드서클 여행의 마지막 목적지, 대망의 '그랜드캐니언'을 앞두고 있었다. 앞서 언급했듯, 신혼여행지를 미서부로 결정한 계기는 사랑하는 사람과 그랜드캐니언을 다시 보기 위함이었다. 막상 그랜드캐니언을 보기도 전에 이미 너무나도 근사한 풍경들을 많이 마주해 버려서, '가장 멋진 그랜드캐니언을 마지막 하이라이트로!'라던 나의 계획은 조금 무의미해졌다. 하지만 이 여행의 주인공까지는 아닐지언정 우리를 미국 땅으로 불러 준 그랜드캐니언에서 대자연 여행을 마무리할 것이라 생각하니 내 마음은 괜스레 벅차올랐다.

#12

드디어, 당신과 함께한 그랜드캐니언

내 인생 가장 강렬한 기억을 남겨 준 모뉴먼트 밸리를 뒤로 한 채 우리는 그랜드캐니언으로 향했다. 하루에 두 군데 이상 들르던 앞의 일정들과 달리 오늘은 오직 그랜드캐니언만을 목적으로 이동하고, 그랜드캐니언을 즐기고, 또 그 안에서 잠을 자면 되었다. 행복했지만 조금은 고됐던 로드트립 일정들 이후에, 그랜드캐니언 가는 길은 우리에게 마음의 여유를 안겨 주었다.

세 시간가량을 달려 그랜드캐니언에 가까워질 때쯤 우린 리틀콜로라도 리버뷰 포인트Little Colorado River View Point 표지판을 발견하고는 즉흥적으로 들어갔다. 주차장에서 입구로 걸어가는 길에 인디언들이 장신구를 판매하고 있었다. 매대 위에는 보헤미안 스타일에 어울릴 법한 귀걸이, 목걸이 등이 알록달록하게 진열되어 있었다.

'에이, 막상 한국 가면 안 하고 다닐 게 뻔해'

괜히 홀려서 지갑을 열지 않겠다고 마음을 먹었지만 그중에서도 자꾸만 눈에 밟히는 귀걸이가 하나 있었다.

"이거 정말 예쁜 것 같은데. 기념품이라 생각하고 하나 사는 게 어때?"

남편은 내가 눈을 떼지 못하고 있는 주황색 귀걸이를 가리키며 말했다. 그래도 계속 고민하고 있는 나를 향해 아주머니께서 말없이 미소를 지으며 그 귀걸이를 손에 건네주셨다. 둘의 꼬드

김에 넘어가 버린 나는 마지못해 귀걸이를 덥석 받아 들었다. 막상 손 위에 올려놓고 나니 이 드림캐처 모양의 영롱한 귀걸이가 왠지 행운을 가져다줄 것만 같았다.

"오빠. 안 되겠다. 나 이거 살래."

인디언 아주머니께서는 귀걸이를 포장해 주며 드림캐처의 유래가 적힌 종이를 함께 건네주셨다. 그 섬세함에 왠지 마음이 따뜻해졌다. 행운을 돈으로 살 수는 없겠지만 의미가 담긴 이 귀걸이를 산 것은 그날의 감정을 풍족하게 만드는 데에 더없이 큰 역할을 해 주었다. 귀 옆에 살랑거리는 드림캐처를 볼 때마다 기분이 좋아졌기 때문이다.

귀걸이를 산 뒤 우린 리틀콜로라도강 협곡을 보러 안쪽으로 들어갔다. 이 협곡은 무척이나 투박하고 묵직한 모습을 하고 있어서 왠지 히어로 영화에 나오는 괴물(특히 영화 「판타스틱 4」에 나오는 바위인간)을 떠오르게 했다. 눈도 제대로 뜨기 어려운 땡볕 아래 리틀콜로라도강은 흘러간 흔적만 보이고 모두 말라버린 듯했다. 거의 단색으로만 이루어져 비교적 단조로워 보이는 협곡이었지만 그 깊이에서는 장구한 세월이 느껴졌다.

협곡을 산책하듯 가볍게 돌아본 뒤, 우린 다시 목적지를 향해 달리기 시작했다. 방금 눈앞에서 보고 온 리틀콜로라도강 협곡의 모습이 점점 멀어지면서 더 멋진 풍광을 만들어 냈다. 그리고 그랜드캐니언에 거의 다다를 무렵부터는 지금껏 지나온 풍경들과는 전혀 다른 풍경이 보이기 시작했다. 지금까지는 주로 삭막한 풍경 위주로 지나왔다면 여기서부터는 초록 초록한 숲의 모습이 보이기 시작한 것이다. 그랜드캐니언에 가까워질수록 나무는 더욱 울창해졌고, 곰이 튀어나와도 이상하지 않을 듯한 숲이 펼쳐졌다. 워낙 장엄한 캐니언이기에 가는 길에서부터 그 모습을 볼 수 있을 거라 예상했지만 양옆에는 그저 나무들만이 울타리를 친 채 우리를 반겼다. 그렇게 숲속을 달려서 드디어 그랜드캐니언 사우스림의 첫 전망대, 데저트뷰 포인트Desert View Point에 도착했다.

그랜드캐니언. 그 모습을 처음 접했던 날 이후로 난 사랑하는 사람과 함께 그 장관을 감상하는 순간을 계속해서 꿈꿔 왔다. 당시 남자친구였던 그 상대는 이제 내 남편이 되어 나와 함께 그 꿈같은 순간을 코앞에 두고 있었다. 나는 그의 허리에 손을 얹었고 그의 손은 나의 어깨를 감쌌다. 그리고 우린 설레는 기분으로 한 발자국, 한 발자국씩 함께 걸었다. 그랜드캐니언으로 향하는 우리의 발걸음은 그 어느 때보다도 각별했다.

이윽고, 드디어, 마침내, 그와 함께 마주한 그곳. 내 눈에 닿은 그랜드캐니언의 전경은 여전히 수려함 그 자체였다. 속에서 무언가가 자꾸 올라와 목구멍을 막아 버린 탓에 아무 말도 하지 못하던 우리는, 이내 무언가를 달성한 사람처럼 뿌듯한 표정으로 서로를 바라보았다.

남편은 나의 머리칼을 쓰다듬어 주며 말했다.

"온정아, 나랑 결혼해 줘서, 그리고 이런 아름다운 곳으로 데려와 줘서 진심으로 고마워."

"오빠, 나랑 결혼해 줘서, 그리고 날 믿고 이 힘든 곳까지 따라와 줘서 진심으로 고마워."

사람이 빼곡한 전망대 앞에서, 우리는 이 경관에 대한 감탄 그 이상의 감정을 느끼며 서로의 마음을 나누었다. 이토록 간지러운 언어를 구사하면서도 왠지 전혀 부끄럽지가 않았다.

가장 동쪽에 위치한 데저트뷰 포인트는 그랜드캐니언이 시작하는 지점이라 그런지 이전에 보았던 중심부와는 또 다른 모습이었다. 본격적으로 뾰족뾰족한 협곡들이 나타나기 전 평지의 모습부터 시작하여, 앞서 보고 온 리틀콜로라도강 협곡의 투박한 바위들의 모습도 조금 보였다. 거기다 캐니언 사이에는 푸른 콜로라도강이 선명하게 흐르고 있어 다양한 모습이 한데 어우러진 전망이었다. 우린 그랜드캐니언의 동쪽에서부터 서쪽으로 이동하며 그랜드뷰 포인트, 마더 포인트를 모두 들렀다. 중심부에 가까워질수록 우리가 아는 바로 그 날렵하고 다채로운 그랜드캐니언의 모습이 온전히 나타났다. 자연의 풍파가 말 그대로 '자연스럽게' 만들어 낸 모습인데도 질서 정연하게 우뚝 서 있는 저 캐니언들을 도대체 어떤 문장으로 설명할 수 있을까. 신의 영역이라는 말 밖에는 할 말이 없다. 아니, 부족한 나의 표현력으로 이 경관을 묘사한다는 것이 송구스러울 뿐이다.

이토록 아름다운 그랜드캐니언을 처음 마주했던 때, 나는 믿기지 않는 풍경을 앞에 두고 주체할 수 없이 벅차오르는 감정과 흥분으로 휩싸였었다. 하지만 이번에 다시 마주한 이곳에서의 감정은 그때와는 조금 달랐다. 모든 것이 새롭고 긴장의 연속이었던 신혼여행 중에 그나마 아는 곳에 왔다는 편안함과, 드디어 내가 꿈꿔 온 그 목적지에 무사히 도착했다는 안도감이 밀려왔다. 이런 대자연의 모습을 보며 편안한 감정을 느낄 수 있다는 사실에 나 자신도 조금 놀랐지만, 그랜드캐니언 일정은 우리의 신혼여행에 있어 하나의 전환점과도 같았다. 남편과 나 모두 결혼식 직후에 떠나온 타지에서 첫 해외 운전에 적응하랴, 넋을 빼놓는 새로운 풍경들에 감탄하랴 정신이 없었던 터였다. 하지만 이제 앞으로 남은 그랜드캐니언, 라스베이거스, 샌프란시스코 일정은 앞선 일정들보다 여유로웠고 무엇보다 나에게는 익숙한 곳들이었기에 한결 마음이 놓였다. 나도 모르게 긴장이 풀려서였을까? 누적된 피로가 조금씩 밀려왔다. 우린 내일을 기약하며 일찍 숙소로 향했다.

그랜드캐니언 공원 내부에는 지정된 숙박시설이 몇 개 있는데, 우리는 그중 하나인 엘토바 호텔El Tovar Hotel을 예약했다. 오픈한 지 100년이 넘은 이곳은 산 한가운데의 산장 같은 느낌이 물씬 풍겼다. 호텔 문을 열고 들어가자 통나무로 이루어져 있는 어둑어둑한 실내가 펼쳐지고, 로비에 있는 오래된 소파들과 벽난

로가 그 긴 세월을 말해 주고 있었다. 고즈넉한 분위기가 마음에 쏙 들었다.

평소 여행을 할 때 숙소에 큰 투자를 하지 않는 나로서는 국립공원 내부에 있는 숙소를 예약하기까지 꽤 큰 결심이 필요했다. 오래된 건물에 시설도 좋지 않았지만 가격은 비싼 편이었기 때문이다. 하지만 모뉴먼트 밸리에서의 더 뷰 호텔과 그랜드캐니언에서의 엘토바 호텔 모두 미국 특유의 분위기를 느끼기에는 더할 나위 없이 좋은 곳이었다. 전주 한옥마을에 아무리 시설 좋은 호텔이 있다 해도, 한옥집 온돌 바닥에서 밤새 배기는 허리와 엉덩이를 두드리며 불편하게 보내는 하룻밤이 더 의미 있다는 것. 말해 봐야 입 아픈 사실이다.

앞서 이야기했듯 호텔에 도착할 때쯤 우리는 많이 지쳐 있는 상태였다. 체크인을 끝낸 뒤 얼른 방으로 올라가려는데, 맙소사. 이 오래된 호텔엔 엘리베이터가 없었다. 열흘짜리 신혼여행의 짐은 캐리어 네 개를 꽉 채워 꽤나 묵직했고 심지어 내 다리는 온전치 못했다. 캐리어를 옮기는 남편의 뒷모습을 보며 어쩔 줄 몰라 하는 나를 보고 한 직원분께서 우릴 도와주셨다. 그렇게 3층까지 짐을 옮기느라 진땀을 뺀 나와 남편은 좁은 숙소에 도착하자마자 침대에 벌러덩 누웠다. 엉덩이 아래쪽에서 '삐거덕' 소리가 들려왔다. 그 낡은 침대는 매트리스의 높이가 너무 높아서 내가 걸터앉으면 바닥에 다리가 닿지 않았다. 우린 허공에 붕 떠 있는 기분으로 양팔 벌려 누운 채 한참을 움직이지 못했다. 하지만 이런 순간마다 정적을 깨는 소리, 꼬르륵.

"오빠, 우리 저녁은 어떻게 하지? 검색 좀 해 보자."

숙소에 도착하면 근처에 식당이 있으리라 생각했는데 이 주변에는 숙박시설뿐이었다. 결국 우리에게 선택권은 이 호텔 1층에 있는 레스토랑을 가는 것밖에 없었다. 왠지 덜컥 밥값부터 걱정되는 나였다.

"호텔 레스토랑이면 비쌀 것 같은데…"

"먹을 곳이 없으니 어쩔 수 없지 뭐. 차라리 잘됐다. 우리 안 그래도 피곤하니까 1층에서 저녁 먹고 푹 쉬자."

우린 그럴듯한 합리화를 한 뒤 겨우 무거운 몸을 일으켜 1층으로 내려갔다. 그런데 오늘 이 호텔에 발을 디디는 순간부터 왠지 단 하나도 순탄하게 지나가는 법이 없었다. 식당 예약이 꽉 차서 밤 10시에야 식사가 가능하다는 것이다. 세 시간이나 기다려야 한다고? 우린 좌절하며 대기명단에 이름을 적고는 대혼란에 빠졌다.

자랑은 아니다만, 나는 체력이 약한 편인데다가 한 끼에 먹을 수 있는 양이 적은지라 당이 잘 떨어진다. 그러니까 쉽게 말하자면 하루에 한 끼라도 거르면 팔다리가 떨리고 눈앞이 팽글팽글 돈다는 뜻이다. 음, 그러니까, 가끔 뉴스에서 어딘가에 갇혀서 며칠 동안 물도 밥도 안 먹고 기적적으로 살아나는 사람들이 보도되곤 하는데, 그런 뉴스를 볼 때면 "내가 저기에 있다면 하루도 못 가서 당 떨어져서 제일 먼저 죽을 거야…"라고 말하곤 하는 나

였던 것이다. 하지만 이 대자연의 중심에서 우리가 할 수 있는 일은 없었다. 근처에는 식당이 없고, 10시까지 쫄쫄 굶어야 한다는 것이 바로 우리가 마주한 현실이었다.

일단 그랜드캐니언이 펼쳐지는 숙소 앞으로 나가 최대한 시간을 때워 보기로 했다. 그 김에 일몰을 보자며 기다려 보았지만 안타깝게도 이곳은 일몰이 보이는 방향이 아니었고, 산속의 날씨는 아주 빠른 속도로 추워졌다. 덜덜 떨던 우리는 결국 터벅터벅 방으로 올라가서는 10시까지 시체놀이라도 할 요량으로 다시 철푸덕 누웠다. 그때였다. 미동 없이 눈동자만 굴리던 나의 눈에 협탁 위에 놓인 책 한 권이 들어왔다. 어차피 할 일도 없겠다, 무심하게 책을 펼쳤는데. 글쎄 식당 메뉴와 가격이 쓰여 있는 것이 아니겠는가. 이미 팽글팽글 돌아가고 있는 내 눈앞에서도 '고기'라는 뜻을 포함한 단어들은 왜 그리 선명하게 들어오던지. 영어를 곧잘 하는 남편이 레스토랑에 전화를 걸어 주문을 했더니 '30분 내로 가져다드리겠다'는 반가운 답변을 들을 수 있었다. 그렇게 우리는 인생 첫 룸서비스를 맛보게 되었다. 테이블도 마땅치 않아 그 높다란 침대 위에 음식을 올려놓고 불편한 자세로 저녁을 먹어야 했지만, 우린 이것도 정말 재미있는 추억이라며 깔깔 웃으며 돼지고기와 양고기 스테이크를 뜯었다. 음식 맛은 또 얼마나 일품이었는지…! 절대 잊지 못할 맛이며 잊지 못할 순간이다.

배를 채우고 나니 밖에 나가서 별이라도 구경하고 싶은 마음이 들었지만, 다리가 아픈 나에게 엘리베이터의 부재는 너무 컸기에 오늘은 푹 쉬기로 했다. 숙소 안에 달린 작은 창문을 빼꼼 쳐다보았지만 깜깜한 바깥에는 정말이지 아무것도 보이지 않았다. 그렇게 정적만이 흐르는 산속에서의 고요한 밤. 우리는 그랜드서클 여행의 마지막 밤을 아쉬워하며 잠을 청했다.

#13

지나친 배려는 배려가 아니었음을

DAY 5

　전날 밤 첫 룸서비스의 행복을 경험한 우리는 아침에도 그 감정을 느껴 보기로 했다. 분명 요리 한 개만 주문했는데도 둘이서 배가 터질 정도로 먹었으니 인생 두 번째 룸서비스도 성공적인 셈이었다. 비록 허름하지만 맛집이었던 숙소에서 체크아웃을 한 뒤, 우린 그랜드캐니언에서의 마지막 일정을 소화하기 위해 브라이트 엔젤 트레일Bright Angel Trail로 향했다. 전날까지만 해도 트래킹을 할 수 있을지 긴가민가했는데, 이틀 동안 호들갑을 떨어 가며 다리를 아끼고 아껴서인지 다행히 많이 호전되었다. 그 덕에 평지 위주로만 가볍게 산책하기로 했다.

　우린 여유롭게 마지막 대자연을 살갗으로 느꼈다. 어쩔 수 없이 내 육체가 이곳을 떠나야 한다면, 영혼이라도 두고 가고 싶다는 생각이 간절했다. 하지만 이렇게 많은 곳들을 탐험했음에도 아직 여행이 5일이나 더 남았다는 사실은 우리에게 큰 위로가 되었다. 이 아름다운 곳을 최대한 생생하게 기억할 수 있도록 내 눈과 코와 손끝에 그 모습과 냄새, 감촉을 담았다. 그러자 트래킹이 끝날 때쯤에는 다음을 기약하며 기분 좋게 그랜드캐니언에 작별 인사를 건넬 수 있었다.

　“그랜드캐니언, 안녕!”

자, 이세 화려한 밤의 도시 라스베이거스로 이동하는 일이 남았다. 라스베이거스는 그랜드캐니언으로부터 기본 다섯 시간 정도 소요되는데, 중간에 점심도 먹고 다른 명소도 들르다 보면 일곱 시간은 족히 잡아먹을 듯했다. 우린 어둑어둑해질 때쯤 도착해서 저녁을 먹고 푹 쉴 요량으로 중심부와 조금 떨어진 곳에 에어비앤비를 예약해 놓았다. 오늘은 가장 오랜 시간 동안 운전을 해야 하는 날이었기에 나는 패기 있게 먼저 운전대를 잡았다.

그랜드캐니언 근처의 푸르른 숲을 지나고 나니 비교적 단조롭고 심심한 풍경들이 이어졌다. 도시 가는 길이라서 그런지 모르겠다만 왠지 갈수록 제한속도가 빨라졌다. (지극히 나의 개인적인 느낌일 뿐이다. 도시와 속도엔 별 관계가 없을 것이다. 아마도.) 우리나라는 km/h 단위를 쓰지만 미국은 mi/h, 즉 '마일' 단위를 쓰는데, 중간에 마을이 나타나면 제한속도가 30마일(시속 약 50km) 정도로 낮아지지만 그 외 고속도로에서는 제한속도가 60마일 이상(시속 약 100km)으로 바뀌었다. 그렇게 점점 높아지던 표지판의 숫자는 끝내 75마일을 가리켰고, 모든 차들은 제한속도를 조금 넘어선 80마일 정도로 달렸다. 즉 내 주변의 차들이 모두 시속 130km 정도의 속도로 빠르게 지나가고 있었다. 도로가 넓은 덕에 한국에서 느끼는 속도감에 비해서는 한결 안정적이었으나, 나는 내 꽁무니를 무섭게 쫓아오는 차들에 한껏 쪼그라들어서 오른발로 액셀을 힘껏 밟았다. 내가 제한속도보다 조금만 더 느리게 달려도 뒤차는 차선 변경을 한 뒤 내 차를 추월하곤 했다.

아, 그럴 때마다 약이 오를 수밖에 없었다. 이렇듯 미국은 도로에 따라 운전하기 정말 쉬운 곳도 있었지만 어떤 곳에서는 한국에서의 운전과 크게 다를 바가 없었다.

　이렇게 고속으로 달리며 나만의 추격전을 벌이다 보니, 나는 이내 이 상황에 적응해 버리고 말았다. 휴, 그런데 과연 이것이 다행인 일인지 불행인 일인지 모르겠다. 앞 유리를 통과하여 사정없이 들어오는 직사광선을 맞으며 운전을 하고 있자니 나도 모르게 눈꺼풀이 잔뜩 무거워졌기 때문이다. 나같이 예민한 사람이 시속 130km를 달리면서도 졸릴 수 있다니…? 정말 새로운 경험이지 않을 수 없었다. 하지만 경험이고 나발이고 간에, 이건 무척이나 위험한 상황이었다. 화물차처럼 큰 차들이 사방에 쌩쌩 달리고 있는데 준중형차를 몰고 있는 내가 졸음이 쏟아지고 있는 상황. 윗눈꺼풀은 아랫눈꺼풀과 뽀뽀를 하겠다며 아주 용을 썼다. 옆을 쳐다보니 남편은 말 그대로 '쌔근쌔근' 잠들어 있었고, 그 모습을 보니 나도 쌔근쌔근…. 응? 아니. 이게 대체 무슨 뚱딴지같은 생각이야. 이러다 정말 큰일 나겠다, 하는 순간. 나는 무의식적으로 약 3초 동안 눈을 감았다.

　1, 2, 3….

　…!!!!!!

　그 숫자가 지나간 순간. 나는 마치 오랫동안 잠수를 하다 수면 위로 올라온 사람처럼 급히 숨통이 트이며 정신이 번쩍 들었다. '운전이라는 위험한 일을 하며 어떻게 잠이 올 수 있는지'에 대해 전혀 이해하지 못했던 나로서는 정말 충격적인 일이었다. '내가 미쳤구나. 정말 미쳤어' 난 끊임없이 나 자신을 탓했다. 그리고 잠에서 깨기 위해 창문을 열어 바람을 맞고, 매운 미국 껌을 꺼내서 씹고, 음악의 볼륨을 한껏 높여서 노래를 불렀다. 남편은 내가 부르는 처절한 노래의 영문을 전혀 알지 못한 채 여전히 깊은 잠에 빠져 있었다.

사실 이런 위험한 상황에서 당장 남편을 흔들어 깨워서 교대를 부탁해도 모자랄 판에 머뭇거리고 있는 나 자신이 참 답답했다. 매일 나보다 운전을 많이 해 온 남편이었기에 조금 더 쉬게 두고 싶은 내 욕심이었다. 타인을 배려한답시고 하는 행동들이 상대방뿐만 아니라 나에게도 독이 될 때가 한두 번이 아닌 것을. 휴게소에 들러 남편을 깨우고 상황을 설명하니, 좀처럼 언성을 높이지 않는 남편도 나에게 일침을 가했다.

"온정아, 무조건 나를 깨웠어야지. 네가 그렇게 고군분투하는 순간에 코 골면서 자고 있었던 내가 뭐가 돼. 이렇게 위험한 상황에서 내 잠이 대체 뭐가 중요하겠어. 아무것도 몰랐던 내가 너무 미안해지잖아…. 그리고 혹시라도, 아주 혹시라도 무슨 일 났으면 어쩔 뻔했어. 앞으로는 절대 그러지 말아 줘, 응?"

졸음과 싸우며 운전을 하고 있던 순간에 세상 편하게 쿨쿨 자고 있던 남편이 괜스레 밉기도 했던 나였다. 하지만 남편을 깨우지 않은 것은 분명 나의 잘못이었다. 사실 음악 소리를 키울 때 남편이 알아서 깨 주길 바라는 마음이 은근하게 들었으니, 말 다

했다. 휴게소에서 들어간 레스토랑에서 나는 맛없는 스테이크를 질겅질겅 씹으며 이번 일을 머릿속에서 계속 곱씹었다. 이 세상에 존재하는 그 아무도 나에게 이 정도의 지나친 배려를 바란 적 없다. 배려라는 이름표를 달고 있는 나의 미련함에 대해 참 많이 생각하게 되었다. 지나친 배려는 배려가 아닌 것을. 이렇게 나는 또 신혼여행지에서 인생을 배웠다.

결국 운전대는 또다시 그에게 돌아갔다. 그리고 우리는 끝이 보이지 않는 미국 땅을 한참 동안 달렸다. 이윽고 나타난 'Welcome to Nevada!' 표지판을 보니 이제 정말 라스베이거스와 가까워진 것이 실감이 났다.

그쯤엔 명소가 하나 있었는데, 바로 영화 「트랜스포머」의 촬영지로 유명한 후버댐Hoover Dam이었다. 마냥 어지럽고 현기증이 났던 글렌캐니언댐과 비교했을 때 후버댐은 좀 더 균형이 잘 잡힌 근사한 건축물이었다. 여전히 미국의 어마어마한 규모에 적응하지 못한 우리는 계속해서 감탄사를 내뱉었다. 이곳이 어쩌다 로봇 영화의 배경이 되었는지 알 법했다.

또 한 가지 흥미로웠던 점은 후버댐이 애리조나주와 네바다주의 경계선에 위치해 있다는 사실이었다. 댐의 반쪽은 애리조나, 반쪽은 네바다에 속해 있다는 점을 나타내기 위해 각 위치에 '애리조나 시간'과 '네바다 시간'이 적힌 시계탑이 나란히 세워져 있었다.

'이곳에 도착함으로써, 우리에게 벅찬 감동을 남겨 준 애리조나 땅은 정말 완전히 끝이 나 버렸구나.'

왠지 네바다 땅에 진입하여 달리고 있으면 금세 도시가 가까워져 버릴 것만 같다는 예감이 들었다. 후버댐 근처에는 아직 자연경관이 멋진 곳들이 눈에 띄었기에, 우리는 마지막이라는 생각으로 그 주변을 맴돌며 계속 차를 세웠다.

화려한 도시, 라스베이거스

#14
추억이 깃든 별나라 라스베이거스

예상했던 대로 네바다 땅을 달리기 시작한 지 얼마 지나지 않아 우리는 도시 중에서도 가장 화려한 도시 라스베이거스에 도착했다. 미국식 가정집들이 주욱 들어선 곳 어딘가에 우리가 예약한 에어비앤비 집이 위치해 있었다. 주차하고 숙소 안으로 들어가 보니 귀여운 고양이 두 마리가 우리를 반겼다. 어쩐지 그 고양이들은 나보다도 남편을 무척이나 좋아해서 강아지처럼 졸졸졸 따라다녔다. 잘생긴 건 알아가지고.

어찌 됐는 이렇게 사람 사는 냄새가 풀풀 풍기는 깃이 미로 에어비앤비의 가장 큰 매력이다. 2년 전 혼자 라스베이거스에 왔을 적에도 나는 에어비앤비에 묵었다. 그때는 정말 집구석에 달랑 커튼 하나 쳐 놓고 그 안에 내 몸 하나 누일 촌스러운 침대 하나가 내 방의 전부였다. 아니, 사실 커튼 한 장으로 구분되는 공간을 차마 '방'이라 표현하기에도 민망하다. 가방 둘 자리도 마땅치 않아 침대 사이에 껴 놓아야 했던 굉장히 열악한 환경이었다. 그럼에도 불구하고 난 그저 좋았다. 커튼을 열면 호스트의 취향이 그대로 드러나는 미국 집을 구경할 수 있었다. 엄마와 함께 사는 그녀는 나만큼이나 무뚝뚝한 딸이었고, 나에겐 친절했지만 엄마에게는 퉁명스럽게 말을 던졌다. '어딜 가나 사람 사는 건 똑같구나'라는 생각을 했다.

이번 에어비앤비에서는 호스트를 만나지 못해서 조금 아쉬

웠지만 비교적 저렴한 가격에 예쁜 집, 그리고 평화로운 주변 환경까지. 하루 쉬어가기에 대체로 만족스러운 숙소였다.

짐을 정리한 뒤 조금 출출해진 우리는 스트립이라고 불리는 라스베이거스 중심부로 나가 저녁을 먹기로 했다. 복잡한 도심에서 주차를 걱정하기는 싫었기에 우린 스마트폰 앱으로 우버를 불렀다. 미국에 올 때면 택시보다 훨씬 저렴한 우버를 애용하게 되는데, 내가 만나 본 우버 기사님들은 대부분 젊고 또 수다쟁이인 경우가 많았다. 좀처럼 미국인과 대화할 기회가 없는 나에게 우버 기사님과의 대화는 항상 즐거운 시간이자 좋은 기회였다. 짧은 시간이었지만 이번에도 역시 우리는 기사님과 열심히 수다를 떨었다. 기사님은 우리의 여행에 관해 물어보시기도 하고, 눈앞에 보이는 장소들에 대해 설명해 주시기도 했다. 창밖에는 어스름한 노을이 지고 있었다.

스트립에 도착한 우리는 별천지 사이를 걸었다. 혼자 왔을 때 이 거리를 끝에서 끝까지 발이 터져라 걸었던 기억이 새록새록 떠올랐다. 스트립 거리를 따라 다양한 호텔이 주욱 늘어서 있는데, 주요 호텔만 구경해도 세 시간은 족히 걸린다. 호텔들에 전세계 도시들의 명소가 담겨 있기 때문이다. 예컨대 '뉴욕뉴욕 호텔'의 자유의 여신상과 브루클린 브리지, '패리스 호텔'의 에펠탑과 개선문, 베네치아의 모습을 재현해 놓은 '베네시안 호텔', 이집트 피라미드 모형을 재현해 놓은 '룩소르 호텔' 등이 있다. 모두 실제 건축물만큼의 품질을 기대할 수는 없지만, 이 작은 도시에서 세계를 구경할 수 있다는 점은 꽤나 흥미롭다.

우리는 한 태국 식당에서 저녁을 먹은 뒤 라스베이거스의 파리로 떠났다(사실 떠났다고 표현하기엔 조금 유난스럽고, 걸어가니 금방 나타났다). 개선문을 지나서 패리스 호텔 내부로 들어가 입장권을 구입하고는 에펠탑 전망대에 올랐다. 까만 하늘 아래 강렬하게 빛나는 스트립 거리가 펼쳐지고, 아주 먼 곳에 있는 낮은 건물들까지 한눈에 들어왔다. 며칠간은 해가 지는 동시에 함께 고요해지는 동네들을 여행해 온 우리다. 그러다 여기, 낮보다 밤에 더욱 번쩍번쩍해지는 곳의 중심에 서 있으니 또 다른 설렘이 시작되었다. 아, 이 영롱한 건물들 어딘가에 들어가서 불타는 밤을 보내고 싶은 마음이 굴뚝같았다. 하지만 '내일이 없는 것처럼 마셔라!'라는 말이 있는 것처럼, 마시다 보면 혹시라도 정말 내일이 사라져 버릴까 봐 관두었다. 우린 착하게 숙소로 들어가 고양이들과 놀다가 일찍 잠에 들었다. 평소 맥주를 사랑하는 우리로서 이번 여행은 진정 인내의 연속이었다.

DAY 6

금세 정들어 버린 고양이들과 아쉬운 작별 인사를 하고 짐을 챙겨 숙소를 나섰다. 그러고는 아침 식사를 하기 위해 아이홉 IHOP이라는 프랜차이즈 식당으로 향했다. 근처에 있다는 것을 발견한 내가 '무조건' 가야 한다며 성화를 부렸기 때문이다. 아이홉은 브런치를 파는 식당인데, 개인적으로는 잊을 수 없는 사연이 깃든 곳이다.

혼자 처음 LA를 여행했을 때였다. 라스베이거스에서 야간 버스를 타고 밤새 이동한 뒤 아침 일찍 할리우드에 도착한 나는 게스트하우스에 들러 짐을 맡겼다. 그때의 나는 피곤은 둘째 치고라도 금방이라도 쓰러질 것 같은 허기를 느꼈다. 'LA는 인앤아웃버거가 유명하니까 먹어 줘야지!' 하고 검색을 해 보니 할리우드 중심가에서는 조금 떨어진 곳에 위치해 있었다. 뭐, 그래 봤자 겨우 도보 10분 거리, 난 한 치의 고민 없이 설레는 발걸음으로 그곳을 향했다. 하지만 그것은 LA 초행자의 실수였다. LA의 중심가는 안전한 편이지만 인적이 드문 곳은 꽤나 위험했기 때문이다. 아무리 그래도 시뻘건 대낮인데 무슨 일 있겠어?라는 심정으로 인앤아웃버거를 향해 돌진하던 이른 아침, 혼자 여행하는, 어린, 동양인, 여자, 배낭 여행객은 그 누구의 목표물이 되기에도 충분했던 것 같다.

처음엔 가만히 서 있던 노숙자가 나를 발견하고 뒤따라오기에 나의 착각인 줄로만 알았다. 하지만 내가 속도를 내니 그 사람 역시 날 빠르게 따라오다가 결국 내가 뛰기 시작하자 멈춰 섰다. 잔뜩 겁에 질려 버린 나는 발걸음을 서둘렀다. 주변을 돌아보니 괜히 모든 길거리의 노숙자들이 나를 쳐다보는 듯 섬뜩했다. 그 후 또 다른 노숙자가 나를 따라오기 시작했다. 이번엔 망설일 것도 없이 바로 뛰었는데, 맙소사. 그도 뛰어서 나를 따라오는 것이 아니겠는가? 다행히도 조금 뛰다 보니 저 멀리에 인앤아웃버거가 눈에 들어왔다. 가게가 사거리에 위치한 바람에 횡단보도를 마주해 버렸지만, 금방 초록불이 켜진 덕에 헐레벌떡 길을 건널 수 있었다. 휴…. 드디어 도착이구나. 안도하는 마음으로 인앤아웃버거의 문을 열었다. 기름 냄새 풍기는 그 공간이 어찌나 안전하게 느껴지던지. 숨을 헐떡거리며 드디어 해냈다는 표정으로 주문 카운터로 뚜벅뚜벅 걸어가고 있었다. 그런데 뭔가 분위기가 이상했다. 매장의 직원들 모두가 나를 쳐다보고 있는 것이었다. 이내 직원 한 명이 입을 열었다.

"저기, 30분 뒤에 오픈이에요."

그 말을 듣는 순간 얼마나 망연자실했는지 모른다. 버거를 먹지 못해서가 아니라, 유리문 밖 건너편엔 아직도 그가 나를 응시하고 있었기 때문이다. 그가 나를 따라온 의중이 대체 무엇이었는지는 전혀 모르겠다. 막상 마주하면 "1달러만 주쇼" 정도의 쉬운 부탁을 했을지도. 하지만 이른 시간이어서인지 골목에는 사람이 없었고 난 그 상황이 진정 두려웠다.

쉽사리 매장을 나가지 못한 채 어떻게 해야 할지 열심히 머리를 굴리고 눈을 굴리고 있을 때였다. 다른 쪽 신호등에 초록불이 들어왔고 그 순간 내 머릿속에도 초록불이 들어왔다. 난 그 길로 문을 박차고 나와 길을 건넌 뒤, 바로 앞에 위치한 건물로 무작정 문을 열고 들어갔다. 그제야 그는 포기했다는 듯 뒤돌아서 돌아갔다.

심장이 벌렁벌렁 뛰어 대는 탓에 간신히 숨을 고르고 있었다. 한 직원이 내게 다가오더니 친절하게 자리를 안내해 주는 것이 아니겠는가. 그러니까, 그때 내가 우연히 들어간 곳이 바로 아이홉 건물이었다. 얼떨떨하게 자리에 앉아서 메뉴판을 펼쳐 보니 내가 좋아하는 브런치 메뉴가 가득했다. 오믈렛을 주문하니 사이드 메뉴라고는 믿기지 않는 거대한 팬케이크 여러 장이 함께 나왔다. 또 테이블에는 팬케이크 전문점답게 알록달록한 통에 담긴 시럽이 네 종류나 진열되어 있었다. 나는 그 따끈한 음식에 달달한 시럽을 올려 먹었다. 배고픔과 두려움에 가득 차 한껏 서러웠던 나의 마음은, 폭신한 팬케이크와 뭉글한 오믈렛으로 위로받을 수 있었다.

지친 나를 토닥토닥해 주었던 아이홉은 오랜만에 먹어도 여전히 맛있었다. 그 당시 너무 많아서 남기고 떠나야만 했던 오믈렛과 팬케이크가 계속해서 눈에 아른거렸던 나다. 하지만 이번에는 남편과 함께 최선을 다해 접시를 싹싹 긁어 먹었다. 나야 원체

먹는 양이 적지만, 성인 남성에게도 과식할 정도의 양이었으니 아이홉이 얼마나 든든한 브런치를 제공하는 곳인지는 알 만하다.

부지런히 추억 여행도 하고 배도 알차게 채웠겠다, 이제 다음 일정을 소화할 준비를 모두 마친 셈이다. 그때는 몰랐다. 우리의 짐이 그렇게나 늘어날 줄은.

#15
쇼핑 후 얻은 세 가지 깨달음

추억의 아이홉에서 식사를 마친 우리는 라스베이거스 노스 프리미엄아웃렛으로 향했다. 지금껏 사막을 여행하다가 쇼핑이라니, 아마 지금까지의 일정 중 가장 신혼여행과 어울리는 일정이지 않을까. 이전에도 미국에서 아웃렛을 몇 번 가 본 적 있지만 여기처럼 저렴하면서도 좋은 물건이 많은 곳은 처음이었다. 역시 명성은 괜히 생기는 것이 아닌가 보다.

일단 우리는 러닝화부터 열심히 찾아다녔다. 신발을 갈아 신고 편하게 쇼핑하고 싶은 마음도 있었고, 그간 내 다리가 아팠던 것이 발을 꽉 조이는 신발 영향도 있지 않을까 싶어서였다. 시작부터 유명한 스포츠 브랜드들을 다 돌아보았지만 왠지 마음에 드는 것이 없었다. 그러다 예상치 못한 브랜드에서 깃털같이 가벼운 러닝화를 발견했다. 마침 같은 디자인으로 남성용도 진열되어 있었기에 우린 얼떨결에 커플 운동화를 맞추어 신게 되었다.

발도 가벼워졌겠다, 드디어 본격적으로 쇼핑을 시작했다. 평소 옷을 살 때마다 손을 덜덜 떠는 나도 이참에 꽤나 열심히 옷을 주워 담았다.

"이 브랜드를 이 가격에…? 이건 사야겠어…!"

우리 둘을 위한 것도 사긴 했지만 사실 무엇보다도 선물을 가장 많이 샀다. 결혼식을 준비하며 고마웠던 사람들이 너무나도 많았기 때문이다. 주변 사람들에게 난 항상 부족한 사람이었던 것 같은데 이번에 참 분에 넘치는 많은 것들을 받았다. 결혼식이란 한 남자와 평생을 약속한다는 사실만으로도 의미가 크지만 나의 주변 사람들을 제대로 돌아보게 된다는 사실에서도 무척이나 의미가 크다는 것을 깨달았다.

양가 식구들은 뭐, 말할 것도 없고. 내 결혼 소식을 듣자마자 축가를 불러 주고 싶다고 자청했던, 뮤지컬을 전공한 친구. 그녀는 결혼을 하는 주인공에게도, 지켜보는 하객들에게까지도 잊을 수 없는 결혼식을 만들어 주었다. 또 결혼식 일주일 전 직접 우리 집까지 와서 정성을 다해 네일아트를 해 준 친구. 그녀는 내 결혼식이 진행되는 내내 눈물을 흘렸다고 전해 들었는데, 난 그 얘기를 듣고 왠지 코끝이 찡해졌더랬다. 또 신부대기실에서 다소 긴장해 있던 내 곁을 든든하게 지켜 준 친구들. 그녀들 덕에 나는 여유 넘치는 신부가 되어 결혼식을 즐길 수 있었다. 그리고 평소엔 장난꾸러기 같지만 내가 가 본 그 어느 결혼식보다도 사회를 잘 본 나의 친구. 어찌나 적정선을 잘 맞춰 가며 차분하게 사회를 보던지, 모두들 입을 모아 그를 칭찬했더랬다.

감사한 지인을 열거하고 있자니 도무지 끝이 나지를 않았다. 남편도 나도 앞다투어 그들의 이야기를 꺼내고, 그 김에 지나간 결혼식을 회상하며 기쁜 마음으로 선물을 샀다. 그러다 보니 시간은 쏜살같이 흘러가 버려서 우린 무려 다섯 시간 정도를 쇼핑에 쏟은 뒤에야 아웃렛을 떠날 수 있었다.

쇼핑백을 바리바리 챙겨서는 오늘 묵을 숙소인 트럼프 호텔

Trump Hotel로 향했다. 모두가 아는 바로 그 '트럼프'가 맞다. 라스베이거스는 시내 전체에 호텔이 즐비하기 때문에 서로 경쟁을 하느라 시설에 비해 숙박비가 저렴한 편이다. 특히 트럼프 호텔은 중심가와 조금 떨어져 있어 더욱 합리적인 가격에 이용할 수 있었다.

호텔 문을 열고 로비로 들어갔는데 내 평생 이렇게나 럭셔리한 호텔은 처음이었다. 겉모습도 금색으로 이루어져 눈부셨지만 내부는 더욱 호화로웠다. 한 여성 직원이 체크인을 진행해 주었는데, 그녀는 우리에게 허니문 기념 손편지와 초콜릿을 선물해 주었다. 그러고는 뒤이어 내 생일 축하한다는 말까지 넛붙였다 (6일 뒤 나의 생일이었다). 어떻게 내 생일까지 알았냐고 물었더니 여권에서 확인하셨다고. 정신없이 여행하느라 까먹고 있었던 생일까지 챙겨 주시다니! 그저 모두에게 해 주는 서비스일 뿐이겠지만 한껏 기분이 좋아졌다. 한 글자 한 글자 써 내려간 편지에서도 난 괜스레 감동을 느꼈다.

"오빠, 여기 직원 엄청 친절하고 예쁘다. 그치?"

"음, 글쎄. 내 눈엔 네가 더 예쁜데?"

"풉."

그 와중에 이미 생존의 법칙을 통달한 새신랑과, 그에 아주 만족하고 있는 새신부였다.

반짝이는 샹들리에를 지나 우리는 방으로 올라갔다. 그리고 방문을 열자마자 쇼핑 뭉치를 구석에 던져두고는 방 구경을 시작

했다. 로비에서는 사람들 눈치 보느라 쉽사리 꺼내지 못한 온갖 감탄사들을 방 안에 맘껏 내뿜었다. 그저 두 명이 머무는 방인데 이렇게나 클 일이더냐. 전망은 또 어쩜 그리 좋은지! 나는 한 손으로 그의 어깨를 팡팡 두드리며 만족감을 표했다.

이윽고 초인종이 울렸다. 방까지 우리의 짐을 가져다주는 서비스였다. 우리는 허둥지둥 지갑을 찾아서 팁을 꺼낸 뒤에야, 문을 열고 직원분을 맞이할 수 있었다.

"이제 숙제를 해야 할 시간이다!"

방금 받은 캐리어를 펼쳐서는 짐 정리를 시작했다. 분명 쇼핑을 한가득하면서 이 많은 것을 캐리어에 어떻게 집어넣냐는

둥, 캐리어를 하나 더 구입해서 수하물 신청을 해야겠다는 둥 머리를 싸매며 고민했던 우리다. 하지만 포장을 뜯어서 캐리어에 차곡차곡 넣어 보니 아주 잘만 들어갔다. 역시나 쇼핑이란, 즉 물질이란 이렇게나 허무한 것이었다. 평생 살아가며 이렇게 많은 것을 사 본 쇼핑은 처음인데 그저 캐리어 구석에 쑤셔 넣으면 다 들어가 버리다니. 아, 소유란 무엇인가…. 뭐, 조금 허탈하긴 했지만 그래도 꽤나 만족스러웠다. 필요한 것들로 잘 골라 샀기 때문이다.

이렇게 오늘 쇼핑을 한 뒤 나는 세 가지 깨달음을 얻었다. 첫째, 감사한 사람에게 줄 선물을 산다는 건 이토록 기쁜 일이로구나. 둘째, 쇼핑은 해도 해도 끝이 없는 법이로구나. 아, 소유란 무엇인가(으이구, 또 시작이다). 마지막으로, 쇼핑이 즐거운 것은 사실이다만 체력은 고려하면서 해야겠구나. 특히 마지막 교훈은 오늘 밤 아주 뼈저리게 느낄 수 있었다.

#16
내 인생, 당신과 함께라면

폭풍 같은 쇼핑의 후유증으로 피곤했지만 우린 저녁을 먹기 위해 스트립으로 가는 셔틀버스를 탔다. 라스베이거스에는 영국의 유명한 셰프 고든램지의 레스토랑이 몇 개 있는데, 우리는 그 중 고든램지버거를 먹으러 갔다. 도착해 보니 늦은 시간이라 그런지 대기가 두 팀뿐이었다. 운이 좋았다며 깡총깡총 뛰어들어갔는데 아니 글쎄, 음식을 주문한 뒤 햄버거가 나타나기까지 50분이라는 시간이 걸릴 줄이야. 결국 우리는 9시 반이 되어서야 저녁을 먹을 수 있었다. 기다림에 지쳐 버린 우리의 뇌는, 혀에 버거의 맛이 느껴지는 순간 눈에게 초롱초롱 빛나라며 즉각 지시했고, 허기로 텅텅 비어 있던 우리의 위장은 육즙이 줄줄 흐르는 버거로 인해 든든히 채워졌다. 이번 여행 동안 인앤아웃버거나 쉑쉑버거는 먹지 못했지만 무려 고든램지버거를 먹었다는 사실은 우리에게 꽤나 큰 자랑거리가 되었다.

라스베이거스에서의 일정은 참 짧았다. 쇼핑하느라 하루를 다 써 버렸는데 오늘이 마지막 밤이었기 때문이다. 우린 아쉬운 마음에 벨라지오 분수쇼를 구경하러 갔다. 벨라지오 호텔 앞에서 일정 시간마다 진행되는, 라스베이거스에서 가장 유명한 분수쇼였다. 영화 「타이타닉」의 구슬픈 OST가 흘러나오고 그 선율에 따라 물줄기들이 아련하게 춤을 추었다. 클라이맥스 부분에서 얼마

나 높게 물줄기가 치솟던지. 그 낭만적인 광경에 여기저기서 사람들의 감탄사가 터져 나왔다. 하지만 나는 좀처럼 분수쇼에 집중하지 못했다. 결국 내 입에서는 감탄사가 아닌 죽을 사(死) 소리가 터져 나왔다. 갑자기 다리와 발이 또 아파지기 시작한 것이다. '또 시작이야…?' 이젠 그냥 다 포기하고 땅바닥에 주저앉고 싶은 심정이었다.

"오빠, 미안한데 우리 얼른 숙소로 돌아가야 할 것 같아."

내 말을 듣고 놀란 남편이 분수쇼를 뒤로하고 나를 부축했다. 그런데 하필 우리에겐 들를 곳이 있었다. 칫솔을 잃어버렸기 때문에 칫솔을 사야 했고, 내일 먹을 아침밥도 사야 했기 때문이다. 다리가 아프지만 그 와중에도 양치와 아침밥을 포기할 수는 없었다. 바로 건너편에 있는 CVS로 향하는 길이 왜 그리도 멀게 느껴지던지. 하필 횡단보도도 없어서 우린 에스컬레이터가 딸린 육교로 올라갔다. 높은 곳에 올라와 보니 라스베이거스의 거리가 더욱 형형색색으로 반짝거렸다. 그와 대비되는 내 꼴에 씁쓸한 마음으로 에스컬레이터를 내려가던 길, 내가 서 있는 계단이 한층 한층 바닥에 가까워질수록 나는 두려워졌다. 걸음마를 시작하는 아이처럼 그저 한 발에 나의 무게를 싣는 일조차도 걱정이 앞섰다.

'어쩌지, 나 어떻게 걷지?'

그때였다. 남편이 나를 두고 먼저 성큼성큼 에스컬레이터를 걸어 내려갔다. 그러더니 내게 등을 보인 채로 쭈그려 앉아 두 팔을 한껏 뒤로 젖히는 것이 아니겠는가.

"온정아, 업혀."

"오빠, 나 무거워. 그리고 사람이 이렇게나 바글바글한데…?"

스트립에는 줄을 서서 다녀야 할 정도로 사람이 넘쳐났다. 난 부끄러움과 미안함에 냉큼 거절했다. 하지만 거절당하고도 꿋꿋이 그 자세를 유지하고 있는 남편의 뒷모습을 보며 생각했다. 지금 내가 이것저것 가리고 따질 처지더냐. 이미 앞선 일정에서 얻은 교훈이 많은데 고집을 부리다 더 악화되는 꼴을 볼 수는 없었다. 결국 나는 그의 목에 팔을 둘렀고, 그는 나를 업은 채 사람이 빽빽한 라스베이거스 중심지를 당당히 걸어갔다. '내 여자는 내가 지킨다!'는 남편의 강한 의지가 뿜어져 나왔다. 그의 마른 등판이 오늘따라 너무나도 크게 느껴졌다.

그렇게 어렵사리 CVS에 도착하고 나서는, 남편이 혼자 들어가서 장을 봐 왔다.

"휴. 이제 여기로 우버 불러서 숙소까지 가면 되겠다. 더 이상 걱정할 필요 없겠다."

우린 안도의 한숨을 내쉬며 우버를 불렀다. 그런데 이 앞에서는 정차를 못 하는지, 출발 위치가 계속 멀리 떨어진 장소에 잡혔다. 몇 번을 시도해도 되지 않자 남편은 결국 다시 한번 등을 내주었다. 그 등에 업혀 얼굴을 파묻고 나니 왠지 소란스러운 라스베이거스의 소리들이 귓속에서 멀어지는 듯했다. 동시에 내 마음

에는 미안함, 든든함, 고마움 등의 감정이 한데 섞여 요동쳤다.

'오빠도 분명 많이 피곤했을 거야. 그 와중에 등 뒤에 업힌 내가 많이 무거웠을 거야. 여행 내내 나의 불안함을 감싸 주느라, 나의 투정을 받아 주느라, 계속해서 운전대를 잡느라, 나보다 훨씬 더 고된 시간을 보냈을 거야. 하지만 그는 단 한 번도 불평하지 않았어. 오히려 계속해서 내 머리를 쓰다듬어 주고, 등을 토닥여 주고, 또 다정한 미소를 보여 주었어. 아, 난 전생에 대체 어떤 나라를 구했길래. 아, 우울했던 나의 인생도 이제 이 사람과 함께라면…?'

눈물이 났다. 하지만 그 와중에도 날 업고 빙글빙글 돌린다든지, 당신은 전혀 무겁지 않다며, 본인은 하나도 창피하지 않다며 격양된 목소리로 대답하는 남편을 보며 웃음이 터져 버렸다. 업혀 있느라 삐쭉 나와 있는 내 엉덩이에 뿔이 날지언정, 그 시간은 진정 달콤했다.

신혼여행 중에 그놈의 다리 때문에 별의별 일을 다 겪는다만, 갓 나의 남편이 된 따끈따끈한 이 남자와 함께 힘든 일들을 헤쳐 나가다 보니 왠지 굳건한 믿음이 생겼더랬다. 나중에 어려운 일이 생기더라도 우리는 함께 잘 이겨 낼 수 있겠다는 믿음. 그것만으로도 신혼여행에서의 불안한 시간들은 우리에게 큰 의미가 되었다. 앞으로의 결혼 생활에 든든한 뿌리를 내려 준 셈이다.

꽤 먼 곳까지 걷고 걸어 우린 드디어 우버를 탔다. 불타는 라스베이거스의 밤에는 곳곳에 시끄러운 앰뷸런스가 돌아다녔다. 우버 뒷좌석에 앉아서는 그 차를 탈 일이 없어서 다행이라고 생각했다.

정말이지 고단했던 하루가 지나가고 우린 녹초가 되어 숙소로 돌아왔다. 씻고 자고 두 가지만 하고 오늘을 끝내고 싶었지만 아직 할 일이 남았다. 바로 속옷 빨래였다. 열흘간의 여행이었지만 속옷을 10일 치 다 가져오는 것은 무리였다. 딱 반 정도만 가져왔기 때문에 오늘 꼭 빨래를 해야 할 타이밍이었던 것이다. 알고 보니 남편도 사정은 마찬가지였다. 럭셔리한 호텔은 남달라서 큰 욕실 안에 세면대도 무려 두 개나 있었다. 우린 세면대를 각자 하나씩 차지하고는 양치를 끝내자마자 자연스럽게 본인의 속옷을 꺼내와서 빨기 시작했다.

"엥…? 오빠, 뭔가 이상하지 않아?"

"왜? 뭐가 이상해?"

"아니, 오빠. 내가 오빠 옆에서 이렇게 당당하게 내 빤쓰를 빨고 있잖아! 이게 대체 무슨 상황이야? 우리 진짜로 결혼한 거 맞나 봐!"

빤쓰를 빨다 말고 갑자기 결혼이 실감 난 탓에 우리는 빵! 터져서 한참을 웃었다. 아까의 근심은 진작에 날려 버린 우리였다. 괜스레 다리의 통증 또한 함께 날아가는 듯했다. 미리 언급하자면, 다행스럽게도 이때를 마지막으로 더 이상 내 다리는 아프지 않았다.

요란한 웃음소리와 함께한 빨래가 끝난 뒤 나는 뜨신물을 받아 오늘의 피로를 녹였다. 역시 럭셔리한 호텔엔 욕조가 있었던 덕이다. 럭셔리한 호텔은 야경 또한 끝내주었다(자꾸 '럭셔리한'을 강조하는 이유는 내가 촌스러워서 그렇다). 오래도록 보고 싶은 야경이었지만 자꾸만 눈이 감겨 왔다. 럭셔리한 호텔의 편한 침구에 누워 우리는 어느 때보다도 포근하게 잠이 들었다.

 DAY 7

　　이번 여행 중 경유지로서 그 역할을 톡톡하게 해 준 라스베이거스를 떠날 시간이 되었다. 우린 짧게 머무른 트럼프 호텔에 아쉬움을 남긴 채 체크아웃을 했다.

　　그리고 일주일 동안 우리와 함께한 빨간색 NISSAN. 그저 흔한 준중형차였지만 우리에겐 결코 흔하지 않은 추억을 안겨 준 이 아이와 작별해야 하는 순간 또한 다가왔다.

　　"고마워, 너와 함께한 모든 시간들이 짜릿했어…!"

　　렌터카 주차장에 도착할 때까지 우린 차에다 대고 몇 번이나 작별 인사를 했다. 그리고 아쉬운 우리의 마음과는 다르게 반납은 순식간에 이루어졌다. 미국은 렌터카가 워낙 일반적이라서 그런 것일까. 담당자는 차가 긁히진 않았는지, 반납 시간을 잘 지켰는지 등의 기본 사항들도 확인하지 않고 내부를 대충 쓰윽 훑어보더니 우리에게 영수증을 뽑아 주었다.

"정말 끝난 거예요? 저희 가 봐도 되는 건가요?"

혹시나 하는 마음에 두 번은 더 물어본 뒤에야 그 자리를 떠날 수 있었다. 괜히 의심 살까 봐 차 구석구석을 카메라로 열심히 찍어 놓았었는데. 필요 없는 일이었다.

공항으로 가기 전 렌터카 업체가 모여 있는 건물 안에서 아침을 먹기로 했다. 우린 의자에 나란히 앉아 큰 캐리어 두 개를 이어 식탁처럼 만들었다. 그러고는 어제 CVS에서 사 온 샐러드와 요거트, 고든램지버거에서 포장해 온 감자튀김을 그 간이 식탁 위에 올려 두고 먹었다. 어제의 고생에 보답하듯 CVS표 샐러드는 저렴한데 양도 많고 심지어 굉장히 맛있었다. 다시 한번 느꼈지만 역시 여행 중에는 마트에서 사 먹는 아침 식사가 가장 재미있는 법이다.

식사를 마친 우리는 버스를 타고 공항으로 향했다. 카지노가 유명한 라스베이거스는 공항마저도 카지노로 가득 차 있었다. 라스베이거스까지 와서 카지노를 안 해 본 사람이 우리 말고 또 누가 있을까…? 심지어 두 번째 방문인 나조차도 카지노를 한 번도 해 보지 못했다. 사실 '안 했다'라고 하는 것이 맞겠다. 시간이 부족해서 그런 것도 있었지만, 돈 굴리는 일이 두려운 겁보였기 때문이다. 나중에 후회하기는 싫었기에 우리는 큰맘 먹고 공항 안에서 슬롯머신을 당겨 보기로 했다. 돈을 넣고 동그란 손잡이를 손에 쥐는 순간 왠지 현금도 내 손안에 쥘 수 있을 것만 같은 좋은 예감이 들었다. 드르륵, 슬롯을 아래로 내렸다.

"와! 오빠, 이거 땡기는 느낌이 너무 좋아! 완전 재밌어!"

그렇게 쓴 돈은 무려 3달러. 역시나 모두 꽝. 우린 그저 경험해 본 것에 의의를 두기로 했다. 비록 백만장자는 되지 못했지만 '드디어 나도 카지노를 해 봤다'는 사실에 왠지 뿌듯해졌다. 역시 여행 중에는 종종 이런 경험도 필요한 듯하다. 그리 내키지 않더라도 남들 다 하는 것도 해 보고, 유명한 장소에도 가 보는 것 말이다. 못 이기는 척 따라 하다 보면 뜻밖의 즐거움을 발견하기도 한다. 자유여행이 보편화되면서 좀 더 특별한 것을 찾는 여행자가 많아졌지만 가끔은 일반적인 것이 가장 좋을지도 모른다. 물론 유명한 것만 따라다니다 보면 조금 건조한 여행이 될 수도 있겠지만 말이다.

슬롯머신 앞에서 쿵짝쿵짝 놀다 보니 탑승 시간은 금세 다가왔다. 이제 내가 사랑하는 도시, 샌프란시스코로 갈 시간이 왔다.

낭만이 깃든 곳, 샌프란시스코

#17

촉감으로 기억하는 샌프란시스코

우린 비행기를 타고 신혼여행의 시작점이자 마지막 지점인 샌프란시스코로 출발했다. 앞서 언급했듯 샌프란시스코는 친오빠 H가 살던 곳이었지만, 우리가 신혼여행을 갔을 시점에는 그가 잠시 한국에 들어와 있었다. 오빠 없는 그곳은 어떤 느낌일까나…. 감이 잘 잡히지 않았다.

창밖의 예쁜 하늘을 보다가 잠시 눈을 붙였더니 금방 샌프란시스코 공항에 도착했다. 우린 숙소로 가기 위해 바트라는 열차를 타고 몽고메리Montgomery역으로 갔다. 출구를 나오자 하늘을 찌를 듯한 고층 건물들이 한눈에 펼쳐졌다. 우린 각자 양손에 캐리어를 두 개씩 끌고는 마천루 사이를 15분 동안 부지런히 걸었다. 요란한 캐리어 소리가 민망할 새도 없이 샌프란시스코의 중심부는 아주 활발하게 움직이고 있었다.

금방 허리까지 닿으려 하는 나의 긴 머리칼이 바람에 격렬하게 춤을 추다 이따금씩 내 얼굴을 찰싹찰싹 때렸다. 그 덕에 정신이 바싹 들면서, 순간 느꼈다.

'아, 내가 정말 샌프란시스코 땅을 밟고 있구나!'

확실히 촉감과 냄새로 느낀 기억은 오래도록 남는다. 1년 내내 따뜻한 캘리포니아라고 우습게 보고 방문했다가 무섭게 치였던 바람으로 기억되는 샌프란시스코. 그럼 내가 기억하는 샌프란시스코의 냄새는 무엇일까. 다름 아닌 길거리에 노숙자가 많아서 나는 특유의 지린내였다. 그 을씨년스러운 바람과 지린내를 맡고 있으니 내가 정말 샌프란시스코에 서 있음을 확실하게 체감했다.

　내가 조금 요상한 촉감과 냄새로 표현하긴 했다만, 샌프란시스코는 뭔가 콕 찍어 형언하기 어려운 매력이 있는 도시이다. 그렇게 어마어마한 대자연을 보고 왔는데도 여행 막바지에 "오빠, 오빠는 이번 여행 중 어디가 제일 좋았어?"라고 물었을 때 남편이 별 고민 없이 "솔직히 큰 기대를 안 했던 곳인데, 샌프란시스코가 너무 좋았어"라고 대답했으니 말 다 했다. 물론 그 직후에 "아. 근데 생각해 보면 모뉴먼트 밸리도 너무 좋았고, 그랜드캐니언도. 아, 못 고르겠다. 못 고르겠어. 다 좋았다, 정말로"라는 말을 덧붙이긴 했지만. 이렇듯 샌프란시스코는 생각보다 뭐가 많은 곳은 아니지만 그 도시만의 낭만과 매력이 가득한 곳이다. 그래서 와도 와도 또 오고 싶은, 그런 곳이다.

　우리가 예약한 숙소는 차이나타운 근처에 위치해 있었다. 이에 대해 몇 마디 덧붙이자면, 샌프란시스코는 겉으로 보기엔 안전해 보이지만 쥐도 새도 모르게 위험한 지역도 많기에 신경 쓸 점이 많았다. 그래서 호텔을 찾을 때 구글에 'San Francisco crime heat maps'를 검색해 보고 비교적 진하게 표시되는 지역은 모두 피했다. 치안만 걱정한다고 끝날 일이 아니었다. 샌프란시스코는 세계에서 집값이 비싸기로 상위권을 다투는 지역이기에 숙박비가 굉장히 비쌌다. 굳이 비교하자면 샌프란시스코의 에어비앤

비 가격이 라스베이거스에서 묵은 트럼프 호텔 수준이었달까. 괜히 손해 보는 듯한 느낌을 지울 수가 없었던지라, 가성비 따지랴 안전한 지역 찾으랴 숙소 찾는 일이 무척 어려웠다. 그나마 H에게 이것저것 물어 가며 찾은 곳이 바로 차이나타운 근처의 그랜트 플라자 호텔Grant Plaza Hotel이었다. 언덕 위에 위치한 탓에 우린 캐리어를 끌고 경사가 가파른 언덕길을 올라야 했다. 게다가 도착하고 보니 지금까지의 숙소 중 가장 콩알만 한 숙소였다. 너무 좁아서 캐리어를 펼 자리가 없을 정도였다. 하지만 여행하기에 좋은 위치였기 때문에 그것만으로도 3일 동안 꽤 만족하며 지낼 수 있었다. 또 왠지 호텔이라기보단 나름 내 방 같은 아늑함이 있었다.

짐을 정리한 뒤 우린 가벼운 몸으로 나와서 번화가인 유니온스퀘어로 향했다. 역시나 샌프란시스코의 길거리는 노숙자들의 성지였다. 그도 그럴 것이 이곳은 매달 내야 하는 집세가 어마어마하니 그걸 감당하는 게 보통 일은 아닐 것이다. 참고로 우리나라의 원룸에 해당하는 이곳 스튜디오의 월세는 얼추 내가 버는 월급 수준이다(내 월급을 밝히긴 어렵지만 말이다). 물론 위치나 환경에 따라 많이 다르긴 하다.

현지인들에게는 몇 발자국이 멀다 하고 나타나는 그들이 워낙 익숙해서일까. 몇몇 사람들은 길을 가다 말고 자연스럽게 물이나 음식을 건네주기도 했다. 사실 처음 마주했을 때는 괜히 오지랖을 부리고픈 마음이 생기기도 했다만. 안전을 위해서는 그저

내 발걸음에 집중하는 것이 최선이라는 것을 깨달은 바였다.

우린 현지인(이래 봤자 H)의 추천을 받고 노스인디아North India라는 인도 음식점으로 갔다. 그곳에서 두 종류의 커리와 난을 주문했는데, 웨이터가 밥은 안 시키냐며 계속 눈치를 주었다. '우린 난을 좋아해서 밥은 필요 없을 것 같은데…' 하지만 주문하는 내내 웨이터의 눈칫밥을 먹는 바람에 얼떨결에 밥도 주문해 버렸다.

커리를 기다리며 우리는 처음 만났던 순간을 회상했다. 일면식도 없던 남편을 소개로 처음 만났던 날. 우린 뭘 먹을지 고민하다가 인도 커리집을 갔다. 만난 곳이 내가 어렸을 적 종종 가던 지역이어서 입소문 난 커리집을 하나 알고 있었기 때문이다. 본래위가 너무 예민해서 낯선 사람 앞에서는 밥을 거의 먹지 못하는나다. 하지만 왠지 남편과는 첫 만남에서부터 맨손으로 난을 뜯고 커리에 찍어 먹어도 편했더랬다. 남편은 이전에 소개를 받으면 처음 만날 장소, 즉 음식점을 찾다가 스트레스로 위통이 생길 정도였다고 한다. 소개팅을 해 본 사람은 알 것이다. 상대방을 전혀 모르는 상황에서 메뉴를 정하는 일이 쉽지 않다는 사실을. 하물며 상대방을 잘 안다 해도, 식사 메뉴를 고르는 일은 본래 지상 최대의 과제 아니겠는가. 그래서인지 그때 남편은 내가 먼저 "혹시 커리 드세요?"라고 물어본 것에 대해 굉장히 놀랐었다고 한다. 어찌 됐든 그렇게 찾아간 침침한 커리집에서, 우리는 난을 뜯어 먹으며 목에 갈증이 날 때까지 수다를 떨었다.

우린 "그렇게 우리의 운명은 커리로 시작됐지"라며 웃었다. 생생한 그때를 떠올리고 있자니 결혼까지 하게 된 우리의 모습이 새삼 신기했다.

그렇게 추억 여행이 끝나갈 때쯤 김이 모락모락 나는 초록색, 주황색 커리가 나왔다. 닭고기와 양고기가 들어간 시금치 커리와 마살라 커리였다. 남편은 앗뜨, 앗뜨, 하면서 뜨끈한 난을 찢은 뒤 건네주었다. 그 덕에 나는 바로 커리를 곁들여 맛을 보았고, 뒤이어 남편도 커리 찍은 난을 입에 넣었다. 그 후 우린 고개를 들어 눈을 마주치고는, 고개를 절레절레 젓다가, 뒤이어 박수를 치기 시작했다. 단연코 내 평생 최고의 커리였다. 그리고 가장 반전이었던 것은 바로 밥이었다. 해외여행 중에도 딱히 쌀을 잘 찾지 않는 우리로서는, 굳이 여기서 밥을 시킬 이유가 없었다. 하지만 밥을 입에 넣고 씹는 순간 다음과 같은 말들이 술술 나왔다.

"아니, 뭐 이렇게 특별한 밥이 다 있어? 분명 날아다니는 인도 밥인데, 또 동시에 쫄깃쫄깃해. 아, 이래서 웨이터가 우리에게 밥은 안 시키냐며 째려본 거였나 봐. 우리 식당은 밥이 제일 맛있는데 진정 밥을 안 시키시겠다고요? 이런 뜻이었나 봐. 솔직히 아까 조금 기분 상했었는데, 지금은 저 웨이터에게 정말 감사해야겠다."

감동의 커리집이었다. H에게 맛집을 알려줘서 고맙다고 연락했더니 버클리 근처에 가면 더 맛있는 커리집이 있다는 답변이 돌아왔다. 왠지 우리 기준에는 이것보다 맛있는 커리집은 찾기 어려울 것 같았다. 쌀쌀한 샌프란시스코의 길을 걸어 다니다가 먹은 따뜻한 음식이라 더욱더 맛있었을지도 모르겠다.

저녁 식사를 즐기고 나니 바깥은 벌써 어둑어둑해졌다. 샌프란시스코의 밤은 그 바람을 닮아 역시나 을씨년스러웠다. 숙소로 돌아가던 길에 우리는 메이시스Macy's라는 몰에 들렀다. 사실 여행의 끝을 달려가는 우리에겐 아직 해결하지 못한 미션이 하나 남아 있었다. 친정 엄마가 둘이 예쁜 시계 하나씩 사라며 돈을 주셨기 때문이다. 아웃렛에서도 찾아보았지만 맘에 드는 게 없었고, 미리 봐 둔 브랜드가 메이시스에 입점해 있기에 찾아간 것이었다. 그런데 막상 들어가 보니 다른 브랜드의 시계들 사이에 그저 가장 기본적인 디자인 몇 개만 전시되어 있었다. 마음에 드는 게 없었다. 실망도 실망이지만 다른 곳을 또 찾아봐야 한다는 사실이 가장 싫었다. 아무래도 신혼여행이라 어쩔 수는 없다만 난 여행 중에 쇼핑하는 시간이 정말 아깝다고 생각하는 사람이었기 때문이다. 그렇다고 해서 대충 아무거나 사 버릴 수 있는 위인도 못 되었다. 결국 우린 시계 찾기를 또 한 번 미뤄 두고는 숙소로 들어가 하루를 마무리했다.

#18
샌프란시스코 현지인처럼

DAY 8

샌프란시스코에서의 일정은 거의 즉흥적으로 잡았다. 오늘은 오후 4시에 예약한 맥주 양조장 투어만 빼고 모두 그 순간 떠오르는 곳으로 돌아다니면 되었다. 어젯밤 H가 메일로 보내준 무료입장권 덕에 우린 샌프란시스코 현대미술관San Francisco Museum of Modern Art, SFMOMA에서 오전 일정을 시작했다.

난 예술을 사랑하지만 여행 중에 미술관이나 박물관을 즐겨 찾는 편은 아니다. 작품은 여유를 두고 집중해서 봐야 하는데 어딘가 모르게 산만해지고 밖에 나가 구경하고픈 마음이 꿈틀꿈틀거리기 때문이다. 물론 예외는 있었다. 오스트리아 빈에 있는 클림트 작품들이나 네덜란드 암스테르담의 반 고흐 미술관 같은 곳들. 왠지 샌프란시스코 현대미술관은 예외인 후자보다는 전자에 가까울 것만 같았다. 그래도 무료 입장권이 생겼으니 들르지 않을 이유는 없었다.

문을 열고 들어가 보니 현대미술관답게 내부가 세련되고 예뻤다. H가 혹시 전시를 못 보면 그 안에 있는 카페라도 들르라는 말을 왜 했는지 알 수 있었다. 왠지 그런 느낌 있지 않은가. 미국의 세련된 미술관에서 팔짱을 끼고 전시를 둘러본 뒤, 새끼손가락 치켜들고 커피 한 잔 딱 하며 여유를 즐기면 왠지 지성인이 된

듯한 느낌. 어휴, 이런 허세글이 줄줄 써지는 것을 보면 아직 문화인으로서 갈 길이 한참 멀었다. 심지어 나는 커피를 한 모금도 마시지 못하는 사람인데 말이다.

어찌 됐든 우리는 본격적으로 관람을 하기 시작했다. 무려 7층이나 되어 규모가 꽤 큰 미술관이었다. 그냥 훑어보고 나가자던 마음과는 달리 흥미로운 작품이 많아서 자꾸 발걸음이 묵직해졌다. 전시를 보고 있는데 어딘가에서 낡은 프린터 소리가 들렸다. 그 소리가 부르는 곳으로 따라가 보니 프린터에서 끝을 알 수 없는 길이의 종이가 계속해서 인쇄되어 나오고 있었다. 역시 현대미술은 엉뚱하고도 재미있는 매력이 있다. 우린 그 매력에 빠져서 꽤 오랜 시간을 미술관에서 보내 버렸다. 그중 상당 시간을 기념품숍에서 보낸 것은, 어쩔 수 없는 본능이었다고 치자.

나름 집중해서 문화생활을 하고 나니 배가 고파 왔다. 미술관에서 여유 있게 커피는 개뿔, 한시라도 빨리 음식을 넣어 주어야만 했다. 그런데 이 타이밍에 굳이 멀리 있는 맛집을 찾아가고 싶은 것은 무슨 심보였을까. 사실 여행 중 먹는 재미에 꽤나 큰 비중을 두는 우리이다. 그런데 앞서 대자연 여행을 하다 보니 배고플 때 눈앞에 보이는 곳이 밥집이고, 숙소가 밥집이고, 마트가 밥집이곤 했던 것이었다. 그래서인지 샌프란시스코에서만큼은 '유명한 맛집'에 대한 열정이 불타올랐더랬다. 결국 우리는 우버를 타고 브렌다스 프렌치 소울 푸드Brenda's French Soul Food라는 레스토랑으로 달려갔다. 그러고는 차에서 내리는 순간 후회할 수밖에 없었다. 대기줄이 어마어마했기 때문이다.

주린 배를 붙잡고 같이 서 있는 서양인들을 힐끔힐끔 구경하며 50분쯤 대기했을까. 드디어 남편의 이름이 귀에 들려왔다. 우린 자리에 앉자마자 미리 결정해 둔 슈림프 앤 그릿츠Shrimp and Grits와 에그 베네딕트Egg benedict를 정신없이 주문했다. 유명해서 일단 시키긴 했다만 '그릿츠'가 무엇인지조차 몰라서 음식을 기다리는 동안 검색해 보았다. 바로 '굵게 빻은 옥수수'라는 뜻이었는데, 주로 미국 남부에서 즐겨 먹는 음식이라고 한다. 음식이 나오고 첫 숟가락을 뜨는 순간 입안에 퍼지는 토마토와 옥수수의 향미가 예술이었다. 웬만한 세계 음식은 다 먹을 수 있는 한국에서도 그간 비슷한 것조차 먹어 본 경험이 없다. 오랜만에 정말 새롭고도 조화로운 음식을 맛보았다. 비스킷 위에 수란이 올라간

에그 베네딕트는 맛있긴 했으나 비교적 평범한 맛이었다. 그릿츠가 워낙 특별했기 때문이리라.

오늘은 계획 없이 움직이자고는 했지만 사실 마음속에 미리 찜해 놓은 장소가 하나 있었다. 바로 미션돌로레스 공원Mission Dolores Park이었다. 서양을 여행하면 또 푸르른, 아니 초로록한 잔디에 누워 여유를 즐기는 것이 또 하나의 낭만 아니겠는가. 미션돌로레스 공원은 높은 언덕에 위치해서 샌프란시스코 전망도 볼 수 있고, 널찍한 잔디가 깔려 있어서 그 위에 누워 맑고 아름다운 캘리포니아의 하늘도 즐길 수 있고, 또 현지인들이 떠는 수다도 엿들을 수 있고, 또 산책 나온 강아지들도 볼 수 있고, 또 어쩌구 저쩌구…. 아 맞다. 오빠 근데 지금 몇 시야? 뭐? 벌써 그렇게 됐다고? 내 잔디는? 내 여유는? 내 낭만은…??!

점심을 먹고 정신을 차려 보니 시간이 너무 많이 지나가 있었다. 계획 없는 여행은 이런 점에서 좋지만 동시에 이런 점에서 아쉽다. 분명 아침에만 해도 조금만 마음에 두고 있는 정도였는데, 점점 마음이 커져서 '안 가면 안 되겠다' 싶을 때쯤 우리에게는 한 시간 정도밖에 남지 않았다. 그래도 한 시간이 어디더냐. 우린 무작정 버스를 타고, 또 트램을 타고 그곳으로 향했다.

트램에서 내리니 저 멀리 공원이 펼쳐졌다. 내가 기존에 알던 공원의 모습과는 많이 달랐던 탓에 다소 신선하다고 생각했다. 고층 건물의 전망대 옥상에 거대한 잔디밭이 깔려 있는 듯한

그런 느낌이랄까. 미국 드라마에서나 나올 만한 광경들이 내 앞에서 생중계되고 있었다. 마침 주말이라 많은 현지인이 빽빽하게 앉아서, 혹은 누워서 여유를 즐기고 있었기 때문이다. 그들은 맥주를 마시며 수다를 떨기도 하고 담배를 태우기도 했다. 그들 사이에 우리 둘도 자리를 잡고서 잠시 누워 보았다. 그동안 완전히 여행자의 신분으로 떠돌고 있었는데, 이곳에 누워 있는 순간만큼은 왠지 나도 샌프란시스코의 현지인이 된 느낌이었다. 구름이 둥둥 떠다니는 파아란 하늘이 얼마나 예쁘던지. 이런 곳에서 맥주 한잔하고 한숨 잘 수만 있다면 정말이지 모든 근심과 걱정이 날아갈 것만 같았다. 시간이 많지 않았지만 우린 여유까지는 못 부리더라도 쉼표, 정도는 부릴 수 있었다. 쉼표, 그것만으로도 행복을 느끼기엔 충분했다.

자, 이제 드디어 맥주를 공부하러 갈 시간이 되었다. 버스를 타고 우리가 찾아간 곳은 바로 앵커Anchor라는 브랜드의 맥주 양조장이었다. 실험복을 입은 직원이 나와서는 앵커의 역사부터 시작하여 그동안 앵커가 어떤 맥주를 만들어 왔는지를 설명해 주었다. 20여 명의 사람들 중 동양인은 우리 둘뿐이었는데, 그중에서도 영어를 잘 못하는 사람은 나 하나뿐이었던 것 같다. 직원이 설명 중에 농담을 던질 때면 모두가 깔깔깔 웃는데 나 혼자만 어리둥절했다. 그런 내가 안타까웠는지 남편이 웃다 말고 내게 통역을 해 주었다. 그러고 나면 나는 "아하~ 그 뜻이었구나!"라고 말하며 하하하 웃었다. 그때쯤이면 이미 모두가 웃음을 멈추고 다음 이야기에 집중하고 있었기 때문에 내 웃음소리는 민망하게도 울려 퍼졌다. 해외를 여행할 때마다 영어의 한계에 부딪히고 매번 더 열심히 할 것을 다짐하지만 그 다짐도 매번 그때뿐임에 참 부끄러울 따름이다. 그렇게 머릿속에 '영어, 영어, 영어, …'를 외치며 공장 투어까지 한 바퀴 돌고 나니 드디어 시음 시간이 찾아왔다. 직원이 맥주에 대해 설명해 준 뒤 작은 샘플잔에다가 따라주면 줄을 서서 그 잔을 받아오는 방식이었다. 그 작은 잔에 담긴 맥주가 얼마나 반갑던지…! 여행 중엔 1일 1맥주를 실천해야 한다며 외쳤던 우리인데 이번 여행 동안은 이런저런 이유로 맥주를 멀리할 수밖에 없었다. 오늘도 원 없이 마실 수는 없겠지만 그래도 스팀 비어, 흑맥주, 망고 에일, 서머 비어 등 직원이 나누어 주는 다양한 맥주들을 거의 모두 받아와서 시음했다. 아껴 먹고 싶은데도 목구멍으로 꿀꺽꿀꺽 넘어가 버리는 그 개운함! 오랜만에 마셔서일까. 아직 6시도 되지 않았는데 우리는 한껏 알딸딸해졌다.

그렇게 조금 발그레해진 채 양조장을 나왔다. 언덕배기의 연속인 샌프란시스코의 길이 더더욱 예뻐 보였다. 나는 풍선처럼 붕붕 뜨는 마음을 굳이 가라앉히지 않았다. 신이 나서 길거리를 뛰어다녔고, 남편은 그런 나를 보며 잇몸을 한껏 드러내며 웃었다. 유니온스퀘어로 가는 버스가 오려면 아직 한참 남았지만 개

의치 않았다. 우리는 소곤소곤 노래를 부르고, 두 손을 맞잡은 채 둥실둥실 몸을 흔들며 버스를 기다렸다. 왠지 우리 몸에서 상큼한 맥주 냄새가 풍기는 듯했다.

우린 유니온스퀘어에 있는 치즈케이크 팩토리에서 저녁을 먹고 하루를 마무리하기로 했다. 치즈케이크 팩토리는 전형적인 미국의 레스토랑 중 하나인데, 특히 샌프란시스코 지점은 높은 층에 위치해 있어 전망이 예쁘다.

엘리베이터부터 줄 서서 들어가는 걸 보고는 불길하다 싶었는데 식당 입구에 도착하고 보니 완전 도떼기시장 저리가라였다.

역시나 대기도 한 시간이나 있었다. 우린 대기번호를 발급받은 뒤 아래층에 있는 몰을 돌아다니며 구경도 하고 소화도 시켰다. 방금 유부녀가 되어서 그런 걸까. 생전 처음으로 식기나 인테리어 소품들에 눈길이 가는 것이 참 신기했다. 나도 이제 영락없는 아줌마가 되겠구나.

시간은 금방 지나가 우리 차례가 되었다. 유니온스퀘어 야경을 볼 수 있는 테라스 자리도 있었지만 덜덜 떨면서 차가운 음식을 먹고 싶진 않았다. 실내로 들어가 스테이크와 파스타를 주문했다. 음식은 역시나 맛있었고 역시나 양이 흘러넘쳤다. 서양에서는 맥주를 liquid bread, 즉 액체 빵이라고 부른다던데. 앞서 그 액체 빵을 너무 많이 마신 걸까. 우린 결국 맛있는 음식을 앞에 두고도 기권을 선언할 수밖에 없었다. 그렇게 음식도 남기고, 치즈케이크 공장에서 치즈케이크도 먹지 못한 채로 식당을 나왔다.

#19
익숙한 듯, 여전히 익숙해지지 않는 미국

숙소에 들어와서도 마음 한구석에 찜찜한 게 남아 있었으니, 바로 아직도 해결하지 못한 '시계' 때문이었다. 우리가 봐 둔 브랜드의 웹사이트를 들어가 보니 보란 듯이 예쁜 시계들이 넘쳐났다. 한국이라면 편하게 인터넷으로 주문해 버릴 텐데. 이틀이면 충분히 받을 텐데. 이렇게 넓디넓은 미국 땅에서 무슨 수로 이틀 만에 물건을 받겠어. 거기다 우린 마지막 날 일찍 숙소를 떠날 테니 실질적으로는 하루 밖에 없는 거지. 만약 주문했는데 우리가 없는 호텔로 물건이 와 버리면 아주 그냥 난감해지는 거지…. 난 휴대폰을 붙들고는 끊임없이 꿍얼거렸다.

한번은 남편이 미국의 중고사이트에서 필름카메라 타이머를 구입했던 적이 있었다. 그 물건은 받기까지 3주일이나 걸렸는데 '배 타고 오나 보다'라고 짐작했다가 직접 눈으로 확인해 본 경로는 정말 요상했다. 그러니까, 그 타이머는 2주가 넘는 시간 동안 미국 땅을 헤매고 다녔다. 한국이랑 가까워지는 방향도 아니고 아주 엉뚱한 방향으로. 그렇게 (과장 보태서) 전미를 여행한 타이머는 막상 비행기를 탄 지 며칠도 지나지 않아 바로 남편 손에 들어왔다. 도대체 왜 그리 미국을 돌아다녔는지는 여전히 알 수 없다. 우린 그저 미국의 방방곡곡을 여행한 그 타이머를 부러워했고, '미국의 배송 시스템은 아직 갈 길이 멀었구나'라고 생각해 왔다. 그러니 온라인 주문에 대해서는 미련을 버려야만 했다. 결국 답답한 마음에 또다시 H에게 연락을 했다.

"오빠, 가까운 오프라인 매장에는 마음에 드는 게 없고, 다른 매장 가자니 시간이 아깝고, 그렇다고 온라인으로 살 수도 없고…"

"응? 온라인으로 왜 못 사?"

H는 뭐 그런 걸 고민하냐는 듯 내게 말했다.

"아마존 웹사이트에서 주문하고, 공항 근처에 있는 아마존 락커에서 코드 입력해서 찾으면 돼. 이틀이면 가능해. 내가 주문해 줄 테니까 링크 보내."

이럴 수가. 무려 이틀 만에 배송이 가능하다니. 택배를 사물함에 넣어 준다니. 설령 못 찾아가더라도 환불 처리할 수 있다니…! 생각지도 못한 미국의 배송 기술에 정말 놀랐다. 난 미국에 대해 아직 모르는 게 너무나도 많구나. 역시 부분만 보고 전체를 판단하면 안 된다는 사실을 느꼈다. H 덕에 새로운 문명을 깨우친 우리는 서둘러 디자인을 골랐다. 우리 둘의 시계와, 또 친구에게 선물할 시계까지 세 개를 골라 그에게 링크를 보냈다. 이번에 찾은 샌프란시스코에는 H가 없었지만, 그럼에도 불구하고 그는 언제나 우리와 함께했다. 열심히 현지의 팁들을 전해 주면서 말이다. 그 덕에 계속 미뤄 왔던 숙제를 마친 우리는 개운한 마음으로 하루를 마무리할 수 있었다.

DAY9

신혼여행이 끝나기까지 이제 딱 이틀밖에 남지 않았다. 우린 차를 타고 애리조나 땅을 달리던 그 순간들을 잊지 못하고, 결국 남은 시간 동안 또다시 차를 렌트하기로 결정했다. 마지막 날 체크아웃을 한 뒤 밤 비행기를 탈 때까지 짐을 둘 곳이 없었기에 여러모로 현명한 선택이었다. 먼저 샌프란시스코 시내에서 렌트를 하려고 알아보니 가격이 너무 비쌌다. 그래서 우리는 비교적 저렴하고 공항과 가까운 사우스 샌프란시스코에서 렌트를 하기로 했다. 아침에 일어나 준비를 하고 우버를 불러 미리 예약해 놓은 렌터카 업체로 향했다. 숙소에서 약 20분 거리였다. 차창 너머로 지나가는 샌프란시스코의 도시 풍경을 바라보며 감상에 젖으려 할 때쯤 남편이 다급한 목소리로 날 흔들었다.

"온정아, 우리 국제면허증을 숙소에 두고 왔어!"

샌프란시스코에서는 운전할 계획이 없었기에 맘 편히 캐리어 안에 넣어 두고는 잊어버린 것이었다. 서둘러 기사님께 양해를 구하고 다시 숙소로 돌아가 국제면허증을 챙겨 나왔다. 그나마 일찍 발견해서 다행이라며, 다시 차를 탄 우리는 금방 평화를 되찾았다. 사우스 샌프란시스코로 가는 길의 한쪽에는 샌프란시스코만이 펼쳐졌다. 그 물결 위에 내가 좋아하는 뭉게구름까지 두둥실 떠서는 환상의 조합을 뽐냈다. 두근두근. 오늘 여행을 생각하니 또다시 설레기 시작했다.

하지만 렌터카 업체에 들어가는 순간부터 순탄치 않았다. 일단 업체에서 국제면허증뿐만 아니라 한국 면허증까지 요구했는데 남편은 없고 나만 있었다. 숙소에 있다고 했더니 남편이 면허증을 소지하기 전까지는 나만 운전을 할 수 있다고 했다. 다행히 다시 돌아갈 일은 없었지만 우린 연이은 실수에 당황할 수밖에 없었다. 둘 다 피곤할 정도로 꼼꼼한 성격이라 이런 일은 잘 겪어 본 적이 없었기 때문이다. 우왕좌왕하던 우리에게 유독 어려운 억양의 영어를 구사하던 그녀는 추가적으로 보험을 들으라고 권했다. 기본적인 보험은 포함된 상태였지만 혹시 모를 일을 대비해 그렇게 하겠다고 했다. 내가 듣기로 분명 큰 금액이 아니었기에 동의한 것이었다. 그런데 나중에 이곳을 떠난 뒤 영수증을 확인해 보니 이것저것 추가가 되어 1박 2일 렌트비가 200불이 넘어 있었다. 이미 다 지난 일이라 뭐라 따져 볼 수도 없었다.

"이럴 거였으면 차라리 샌프란시스코 시내에서 빌렸을 텐데…"

난 하루 종일 영수증에서 눈을 떼지 못했다. 내가 영어는 잘 못 해도 꼼꼼해서 이런 실수는 거의 안 했었는데. 떨쳐 버리고 여행에 집중해야 하는데도 자꾸만 아쉬움이 밀려왔다. 좀 편해졌다 싶으면 꼭 이렇게 한 번씩 언어나 문화의 장벽에 부딪히게 되는 미국 여행이었다. 역시나 익숙한 듯 익숙해지지 않는 이곳이다.

이번에는 우리에게 차 선택권이 없었다. 건네준 키를 받아서 찾아가 보니 놀랍게도 은색의 기아자동차였다. 앞선 일정에서 운전을 했었기 때문에, 게다가 익숙한 차였기에 난 아주 자신 있게 운전대를 잡았더랬다. 그런데 한국에서 끌던 차와 같은 기종인데도 느낌은 왜 이리 다른 걸까. 또 같은 미국인데도 샌프란시스코 도시 운전은 왜 이리 어려운 걸까…! 나는 처음 고속도로를 들어갈 시점부터 난리법석을 치기 시작했다. 마치 운전을 처음 해 보는 사람 같았다.

"오빠, 이쪽으로 가야 되는 거야? 오빠, 오른쪽 좀 봐줄래? 오빠!!"

아이고, 어젯밤부터 시작해서 왜 이리 어색한 것 투성인 건지. 순식간에 적응해 버린 줄 알았던 이번 여행이 끝을 향해 갈수록 더 낯설어지는 건 왜일까. 삐질삐질 땀이 났다. 그렇게 한껏 소란을 피우던 나는 하나의 길만 파는 외골수라도 되려는 양 한동안 한 차선만 고집하며 주행했다. 그러다 보니 어느새 뻑뻑한 브레이크, 살짝만 밟아도 부아앙 나가 버리는 액셀, 그리고 옆 차선의 차가 잘 보이지 않는 사이드미러에 겨우 적응하고야 말았다. 버클리 시내로 가기 위해 고속도로에서 나올 때에는 그나마 여유로운 모습으로 핸들을 돌리고 있었다. 한마디로, 고속도로 들어갈 때 다르고 나올 때 달랐다.

UC 버클리 근처의 주차 타워에 주차를 한 뒤, 우리는 Chipotle 라는 유명한 프랜차이즈 멕시칸 식당으로 향했다. Chipotle, 하면 나에게는 또 창피한 경험이 서려 있는 곳이다. 일단 내가 이 식당

이름을 처음 봤을 때는 딩언히 '치팟틀'이라고 읽는 줄 알았다. 치팟틀이라고 했더니 못 알아듣던 미국인에게 스펠링을 적어 주었더니 치폴레, 라고 고쳐 준 기억이 있다. 창피함은 그것만으로 끝나지 않았다. 처음 치폴레에 갔던 날 나는 메뉴판과 직원 앞에서 눈이 핑글핑글 돌아갔더랬다. 아마 현재 우리나라에 많이 보급된 샌드위치 가게 '서브웨이'를 아무런 정보 없이 처음 가 본 사람은 내 심정을 알 것이다. 골라야 하는 건 왜 그리 많은 건지, 눈앞에는 뭔 재료가 그리 많은 건지, 아니 그리고 왜 나만 빼고 다들 능수능란하게 주문하는 건데…! 나는 어리바리하게 평소 좋아하던 부리토를 겨우 주문했다. 그리고 내 이름이 불리고 쟁반을 받아 들었을 때, 난 음식이 잘못 나온 줄 알았다. 알고 보니 또 띠아를 따로 추가해야 내가 아는 그 부리토의 모양이 나오는 것이었다. 내가 주문한 것은 '부리토 보울bowl'이어서, 그릇 안에 부리토의 재료들이 한꺼번에 담겨 나오는 형태였다. 샐러드도 아니고 이게 대체 뭐이다냐. 처음 보는 모습의 부리토를 포크로 찍어 먹으며 생각했다. 다음에는 꼭 제대로 된 부리토를 주문해서 손으로 들고 먹으리라.

그것이 자그마치 5년 전의 일이었으니, 사실 치폴레라는 단어만 들어도 지난날의 수치심이 떠올라 멀리했던 나였다. 이번 기회에 그때의 기억을 만회하리라 다짐하고는 남편과 함께 치폴레로 향했다. '걱정했던 것과는 달리'라는 표현을 쓸 수 있다면 참 좋겠지만, 걱정했던 것처럼 여전히 치폴레의 주문은 쉽지 않앉다. 그래도 이번엔 또띠아를 추가했으니 나름 성공적이었다.

메뉴를 받아 보니 드디어 내가 아는 그 모습의 부리토가 놓여 있었다. 다만 그 어디에서도 본 적이 없는 아주 거대한 모습을 하고서.

"자, 이게 바로 네가 원하던 그 모습이냐?" 대왕 부리토가 나를 노려보는 듯했다. 정말이지, 먹어도 먹어도 끝이 보이지 않았다. 이번엔 손으로 들고 먹기에 성공했다는 다소 어이없는 쾌감을 느끼며, 내 입꼬리는 씰룩씰룩거렸다. 으음. 맛있었다.

#20
소문난 잔치에 먹을 것이 많았다

여행 중 그 지역의 대학교를 구경하는 일은 참 흥미롭다. 특히 명문대학교에서 지나가는 학생들을 보며 캠퍼스의 낭만을 상상하는 일이 가장 그러하다. 물론, 안타깝게도 당사자들은 낭만보다도 고된 학문의 길을 걷고 있겠지만 말이다. 샌프란시스코 근처의 유명한 대학은 스탠퍼드대학교와 UC 버클리University of California, Berkeley가 있다. 그중 우린 다음 목적지인 금문교Golden Gate Bridge와의 동선을 고려하여 UC 버클리에 방문하기로 정한 것이었다.

캠퍼스에 들어서자마자 하나의 숲을 발견했다. 카메라 앵글에 담기지 않을 정도로 큰 키를 가진 나무들이 빼곡하게 서 있었다. 마치 피톤치드가 뿜어져 나오는 것이 눈앞에 보이는 듯했다. 어딜 가나 이토록 자연친화적인 미국의 대학교가 조금은 부러웠다. 건물이 차지하는 부지와 자연이 차지하는 부지가 비슷하지 않을까 싶을 정도인데, 이 역시 워낙 땅덩어리가 넓으니 가능한 일이었다.

우린 괜히 이 학교 학생이라도 된 것처럼 캠퍼스를 누비고 다녔다. 이곳은 길에서 만난 동물 친구들마저도 무언가 남달랐다. 캠퍼스를 자연스럽게 뛰노는 다람쥐들이 너무 신기해서, 남편이 가방 안에 있는 카메라를 꺼내려던 순간이었다. 갑자기 다람쥐가 남편의 다리를 타고 허리까지 호다다닥 올라가더니, 그

가방에서 아무것도 나오지 않는 깃을 확인하자 금방 호다다닥 내려가 버렸다. 아무래도 간식이 나올 것을 기대한 모양이다. 아, 우리는 이 말도 안 되는 경험에 감동할 수밖에 없었다. 인간이 이렇게나 쉽게 다람쥐와 맞닿을 수 있다니!

캠퍼스 분위기에 푹 빠져 계속 걷다 보니 시계탑이 있는 한 광장에 다다르게 되었다. 마침 그 옆에 잔디밭도 보이길래 우린 얼른 자리를 잡고 앉았다. 미션돌로레스 공원처럼 화려하지는 않았지만 그곳에서 만끽하지 못했던 여유를 이곳에서 실컷 누렸다. 평화롭기 그지없는 오후였다. 우리처럼 잔디에 앉아서 도시락을 먹거나 수다를 떠는 학생들, 배낭을 메고 바쁘게 지나가는 학생들, 캠퍼스 투어를 하고 있는 학생들, 그리고 손자와 산책을 나온 할아버지까지 보였다. 할아버지는 방방 뛰어다니는 손자를 열심히 쫓아가시다가 이내 허리를 굽히고 무릎에 손을 얹은 채로 헥헥, 가쁘게 숨을 내쉬곤 하셨다. 그 속도 모르고 마냥 신나 버린 손자의 뒷모습을 보며 할아버지는 힘을 내서는 다시 그 뒤를 쫓아가시곤 했다. 역시 가끔은 가만히 멈춰 서서 사람 사는 모습만 지켜봐도 참 행복해진다. 그 감정을 좀 더 느끼고 싶었기에 여행 일정이 얼마 남지 않을수록 내 눈은 사람들의 모습을 좇는 데에 집중했다. 바람에 나풀나풀 흔들리는 초록색 잔디처럼 내 마음도 함께 나풀거렸다.

UC 버클리에서 실컷 여유를 즐긴 우리는 이곳을 떠나기 전 학교 앞 기념품숍에 들르기로 했다. 우리의 결혼식에서 사회를 봐준 친구 P의 요청 때문이었다. P는 초등학생 때 성당에서 처음 알게 된 이후로 20년이 넘은 친구 사이이다. 그에게 사회를 부탁한 뒤 인터넷으로 검색을 해 보니 사회를 부탁하면 응당 정장 세트 정도는 선물해 주는 것이 정석이라는 글들이 보였다. 나 혼자 고민해서 될 일은 아닐 것 같아서 P에게 대놓고 물어보았다. 정장 있냐. 응, 있어. 구두는? 있어. 지갑은? 있어. 아이, 그럼 어쩌지?

나는 "우리 사이에, 그냥 편하게 너 필요한 거 얘기해 주면 안 되겠냐?"라며 물었다. 만일 그가 부담스러워한다면 모르는 척하고 있다가 현금을 쥐여 줄 생각이었다. P는 나의 요청에 좀 더 고민해 보겠다고 했다. 그리고 얼마 후 드디어 그에게 답변이 왔다. 요즘 본인이 추리닝에 빠져 있으니 추리닝 세트로 사 달라고. 엥, 남들은 정장 세트를 선물해 주는 판에 웬 추리닝 세트? 그는 추리닝 세트 가격도 만만치 많으니 그 정도면 충분한 선물이라고 답했다. 조금 웃기긴 했어도 그의 현실적인 선택이 오히려 마음에 들었다. 입지도 않는 정장이 두 벌이면 뭐 하겠나. 그가 원하는 디자인을 찾아서 정보를 주면 내가 선물해 주겠다고 했다.

그런데 그 뒤로 한참을 기다려도 그는 묵묵부답이었다. 다시 연락을 해서 물어봤더니, 본인은 축하하는 마음으로 하는 것뿐인데 무언가를 받는 것이 부담스럽다는 것이었다. '역시 나중에 현금을 쥐여 주는 게 좋겠군'이라고 생각하고 있는데 P가 덧붙였다.

"나 후드티 잘 입는 거 알지? 그, 여행 가면 기념품숍에서 거기 도시 이름 쓰여 있는 후드티 꼭 하나씩 팔잖아. 그거나 예쁜 걸로 하나 사다 줘. 나 후드티 한 번 사면 10년도 입어. 너랑 형이 사다 주면 그것도 10년 동안 입을게. 그게 제일 뜻깊을 것 같아."

참 그 친구다운 결론이었다. 진심이 담긴 이 친구의 손에 현금을 쥐여 줄 수는 없겠다, 싶었다. 그래서 나와 남편은 그가 요청한 후드티를 사 가기로 했다. 그리고 우리의 시계를 사며 그의 시계도 함께 사기로 한 것이었다.

그러니까, UC버클리 기념품숍에 들어가게 된 데에는 이러한 사연이 있었다. 미국은 본인이 다니는 대학의 로고가 박힌 옷을 많이 입는 편이라서 기념품처럼 촌스럽지 않은, 다양한 디자인의 후드티들이 걸려 있었다. 우리는 신이 나서 P의 후드티를 고르고는 우리의 후드티까지 함께 골랐다. 이번 여행 중 구입한 기념품들 중에서도 가장 실용적이고도 예쁜 기념품이었다.

쇼핑을 마친 우리는 주차장으로 돌아가 차에 탔다. 이제 드디어 샌프란시스코의 랜드마크, 금문교에 갈 차례였다. 나는 앞서 샌프란시스코를 두 번 와 보았지만 정작 금문교는 제대로 본 적이 없었다. 소살리토라는 마을에 가기 위해 배를 탔다가 아주 멀리서 그 실루엣을 본 것이 전부였다. 역광 때문에 그 붉은 빛깔을 보지 못한 채 지나야만 했던 그 아쉬움을 오늘에서야 풀 수 있게 되었다.

우린 버클리 지역에서 출발하여 샌 라파엘 지역으로 연결되는 다리를 지나 서쪽으로 넘어갔다가, 샌프란시스코가 있는 남쪽으로 쭉 내려갔다. 소살리토 옆을 지날 즈음이 되자 드디어 금문교의 머리꼭지가 조금씩 나타나기 시작했다.

"어머, 어머, 저기 봐! 나온다, 나온다, 나온다!"

남편과 나는 얼굴까지 끓어오르는 흥분을 도무지 감출 수 없었다. 우왕좌왕하다가 정신을 차려 보니 어느새 우리가 직접 금문교를 건너고 있었다. 그 빨간 기둥을 지나가는데 마치 평소 흠모하던 유명 인사를 코앞에서 본 것처럼 온몸에 닭살이 돋았다. 그때 우리의 낯빛은 마치 금문교처럼 붉어졌는데, 흥분에 의한 것인지 다리에서 반사되는 빛에 의해서인지는 알 수 없었다. 그저 레고 모형처럼 아기자기하면서도 빨간 립스틱 짙게 칠한 여인처럼 섹시한 이 다리가 상상 그 이상으로 근사하다는 점만은 확실하게 느끼고 있었다.

금문교는 해안에 위치하여 부식이나 내구성에 대한 문제가 많을 수밖에 없다. 그래서 샌프란시스코에서 유지 보수에 투자를 많이 하고, 페인트도 매년 칠하고 있다고 한다. 그래서일까. 지어진 지 80년이 지난 지금도 마치 새로 지은 다리처럼 아주 싱싱해 보였다.

운전해서 다리를 지나가 버리니 순식간이었다. 우린 멈춰 서서 그 모습을 보기 위해 금문교 방문자센터를 찾았다. 차가 어마어마하게 많다. 그리고 샌프란시스코에 온 관광객들은 모두 이곳에 집합해 있는 게 아닐까 싶을 징도로 사람도 많았다. 우린 구글 지도의 힘을 빌려 급히 다른 곳을 찾아보았다. 그러고는 근처에 위치한 골든게이트 오버룩Golden Gate Overlook이라는 전망 포인트를 찾아서 이동했다. 큰 기대는 안 했는데 주차 자리도 많고, 금문교도 잘 보이고, 산책로도 있고 또 무엇보다 사람이 거의 없어 한적하니 좋았다. 우린 차에서 내리자마자 날쌘 바람의 공격을 받으며 산책로를 걸었다. 참, 운도 좋지. 날씨와 지형 탓에 안개 없는 금문교의 모습을 보는 일은 쉽지 않다고 들었다. 하지만 우리는 아주 뚜렷하고 맑은 금문교를 볼 수 있었다. 행운의 여신이 우리의 신혼여행을 빛내 주고 있었다.

속이 뻥 뚫리는 푸른 바다와, 좁은 해안에 이따금씩 밀려와 부딪히는 파도 소리와, 그 바다로부터 몰려오는 강력한 바람과, 그 바닷바람을 타고 와 혀로 닿는 짠맛을 느꼈다. 사실 '소문난 잔치에 먹을 게 없다'는 말에 어느 정도 수긍했었던 나다. 금문교는 세계적으로 가장 유명한 다리 중 하나이지만, 막상 가 보면 명성에 비해 별거 없다는 말이 많았기 때문이다. 특히 H는 개인적으로 금문교보다는 베이 브리지(금문교보다 샌프란시스코 시내에서 접근성이 더 좋고, 밤에 불이 들어와서 야경이 눈에 띄는 다리. 관광객들이 금문교와 많이 혼동한다고 한다.)가 더 예쁘다고 종종 이야기했기에 나도 금문교에 큰 기대는 하지 않았다. 하지만 나는 가장 완벽한 날씨에 가장 아름다운 금문교의 모습을 보아 버렸고, 진부할지언정 '샌프란시스코'라는 단어만 들어도 그 빨간색의 금문교부터 떠올리는 사람이 되었다. 샌프란시스코, 하면 골든게이트 브리지. 그것이 바로 정석이 되어 버린 것이다.

#21

지구는 돌고, 해가 지면 마땅히 달이 뜨는 법

바닷바람을 너무 많이 맞아서 정신이 혼미해질 때쯤 우린 다음 목적지로 이동하기로 했다. 이제 피셔맨스워프Fisherman's Wharf라는 곳으로 가서 저녁도 먹고 놀다가 해가 지면 트윈 픽 Twin Peaks이라는 전망대에 가서 샌프란시스코의 야경을 보며 하루를 마무리할 계획이었다. 피셔맨스워프는 부두 근처에 위치한 관광명소인데, 우리나라 인천의 월미도 유원지 같은 모습을 떠올리면 된다. 물론 규모는 피셔맨스워프가 훨씬 크지만 굳이 비교하자면 그렇다는 말이다. 우린 스마트폰 앱을 이용하여 비교적 저렴한 주차장을 찾아 주차를 하고, 15분 정도 걸어서 피셔맨스워프에 도착했다. 유명한 관광지답게 사람이 바글바글했다.

우린 그들 사이에서 비릿한 바다의 냄새를 맡으며 활기찬 거리와 상점들을 구경했다. 그리고 피어39라는 유명한 부두에 도착하자 해수면의 나무판자 위에 바다사자들이 따닥따닥 붙어서 누워 있는 모습을 볼 수 있었다. 햇빛을 받으며 널브러져 있는 그 모습들이 마치 할머니가 양지바른 곳에 널어놓은 무말랭이 같았다.

귀여운 바다사자까지 보고 나니 막상 이후에는 할 일이 없었다. 이곳은 해 질 녘과 야경이 예쁜데 대낮의 경치는 생각보다 평범했기 때문이다. 해가 지려면 두 시간이 넘게 남았으니 여유롭게 저녁 식사나 하며 시간을 보내기로 했다. 부두답게 주변에는 각종 해산물 레스토랑이 즐비했다. 우린 그중에서도 바다를 볼 수 있는 곳으로 들어가 새우, 오징어, 생선 등의 해산물 튀김에 바비큐 구이까지 거침없이 주문했다. 아, 샌프란시스코의 유명한 음식인 클램차우더(게살을 넣은 크림 수프)까지 함께.

사실 여행을 떠나오기 전 H가 내 손에 미국 직불카드를 쥐여 주었었다. 필요할 때 쓰고 또 근사한 레스토랑에서 코스요리도 먹으라면서 말이다. 심지어 여행 중에는 직접 고급 레스토랑의 정보들을 보내 주고 예약하는 방법까지 알려 주었다.

"꼭 사 먹어야 돼! 알았지?"

그의 메시지에 난 계속 대답을 얼버무렸다. 동생의 결혼을 아낌없이 축하해 주고픈 오빠의 진심은 잘 알겠다만. 아무리 그렇다 해도 1인당 200달러가 넘는 코스요리는 조금 부담스러웠다. 오빠 말마따나 가끔은 이런 호사도 누리며 살아 볼 법하지만, 여행 중에는 소소하게 먹어도 그 이상 행복할 수 있기에 더더욱 내키지 않았다. 결국 우리는 고급 레스토랑 대신 평범한 해산물 식당을 택했다. 그 대신 H가 섭섭해하지 않도록 먹고 싶은 음식들을 아낌없이 주문했다. 참, 세상에 뭐 이런 오빠가 다 있는지. 나와 남편은 그 고마운 마음을 곱씹으며 음식을 기다렸다.

식사가 나오기까지는 꽤 오랜 시간이 걸렸다. 불친절한 직원을 탓하며, 또 H에 대해 재잘거리며 먹다 보니 시간은 어느새 7시를 향해 가고 있었다.

"온정아, 이제 대략 40분 정도 기다리면 해 지겠다. 그치?"

"응. 오빠, 근데 우리 여기 있는 시간 동안 뭔가 큰 감흥이 없지 않았어? 물론 여기 노을이 예쁘긴 한데… 앞으로 40분 동안 또 뭘 하지, 싶어. 차라리 트윈 픽에 일찍 가서 노을도 보고 야경도 보면 어떨까, 라는 생각이 갑자기 드네.”

해가 지는 시간은 8시였다. 우리에게 남은 시간은 딱 40분이었고 피셔맨스워프에서 트윈 픽까지는 차로 30분가량 걸렸다.

“여기요! 계산서 주시고, 남은 음식 포장해 주세요!”

남편은 급히 직원을 불렀다. 느릿느릿한 직원 덕에 10분가량을 또 까먹어 버렸다. 우린 한 손에는 포장한 음식을 들고 남은 한 손은 서로의 손을 맞잡은 채 주차장까지 질주하기 시작했다. 15분가량 걸어온 길을 10분 만에 도착했다. 이제 해가 지는 시간까지 딱 20분이 남았다. 남편은 서둘러 운전을 시작했다.

“오빠. 8시 정각에 해가 휙 떨어져 버리는 건 아니니까, 시간이 조금 지나서 가도 예쁜 노을을 볼 수 있을 거야. 그러니까 우리 안전하게 천천히 가자. 혹시 노을을 못 보더라도 괜찮아. 해 질 녘의 영롱한 샌프란시스코 골목들을 볼 수 있으니까!”

그도 그럴 것이, 피셔맨스워프에서 트윈 픽까지 가는 경로는 바로 샌프란시스코의 심장부를 통과하는 길이었다. 우리의 차는 복잡한 관광지를 벗어나 주택가를 누비기 시작했다. 샌프란시스코의 골목골목에 있는 오래된 집들은 유럽풍의 건축 양식을 따른 것이 많아서 마천루가 즐비한 도심과는 또 다른 분위기를 느낄 수 있었다. 그리고 우린 이 길에서 샌프란시스코의 또 하나의 특징인 ‘언덕’을 제대로 체감할 수 있었다. 한 블록을 지나갈 때마다 차는 올라갔다가 내려갔다가를 반복했다. 한번은 꽤 높은 언덕까지 올라가다가 교차로를 만나 브레이크를 밟았는데, 등이 좌석에 찰싹 달라붙는 바람에 시야에 하늘밖에 들어오지 않았다. 남편은 중력을 거스르며 좌석에 붙으려는 등을 억지로 떼어 내야만 했다. 그 와중에도 운전은 안전하게 해야 했으니 말이다. 그 교차로를 지나자 다시 내리막길이 펼쳐졌다. 정말이지, 덜컹덜컹거리며 위로 올라갔다가 아래로 곤두박질치는 롤러코스터의 한 장면 같았다. 예쁜 이 길들을 감상하며 천천히 지나가면 더 좋았겠지만 다급하게 지나가는 와중에도 나름의 스릴과 재미가 더해졌다. 그렇게 달리는 도중 어느새 8시는 지나 버렸고 하늘은 천천히 어두워지기 시작했다.

　구불구불한 산길 운전까지 끝내고 마침내 트윈 픽에 다다른 우리는 주차장에 주차를 했다. 그 시점에 이미 하늘은 주황빛으로 불타고 있었다. 하지만, 우린 이내 실망할 수밖에 없었다. 트윈 픽은 노을을 보기에 그리 적합한 장소가 아니었던 것이다. 늦는 바람에 해가 기울기 시작한 모습을 보지 못한 것도 있지만, 해가 지는 서쪽 방향에는 산이 있어서 이미 둥근 해를 다 가려 버린 뒤였다. 먹던 밥도 뿌리치고 달려왔는데… 그냥 피셔맨스워프에서 평화롭게 일몰을 볼 걸 그랬나 보다, 싶기도 했다. 아쉽긴 했지만 일단 기다렸다가 야경을 보기로 하고 차에서 나왔다. 그런데 차 문을 열기가 힘들 정도로, 내 눈동자에 낀 소프트렌즈가 날아가 버릴 기세로, 내 손에 든 카메라가 펄쩍 날뛸 정도로 바람이 세게 불어 댔다.

　주차장에서 언덕 위로 걸어 올라가야 완전한 정상이 나왔기에 우린 에베레스트산을 배경으로 눈보라를 헤쳐 나가는 등반인들마냥 바람을 헤치며 한 발자국씩 겨우 나아갔다. 과장이 아니라 진정 이 바람이 나를 쓰러뜨릴 수도 있겠다는 생각이 들었다. 남편과 찰싹 붙어서 서로를 꼭 쥔 채로 겨우 정상에 올랐다. 100여 개의 계단을 올랐을 뿐인데도 우린 마치 큰일을 해낸 것처럼 뿌듯했다. 이미 산 뒤로 넘어가 버려서 보이지도 않는 해를 머릿속으로 상상하며 자몽 주스처럼 물든 하늘을 바라보았다. 시선을 돌려 내려다보니 360도 모든 방향에서 각기 다른 샌프란시스코의 모습을 조망할 수 있었다. 특히 해가 지고 있는 반대 방향, 즉 동쪽에는 샌프란시스코 도시부터 샌프란시스코만까지 지평선으로 이어지며 한눈에 들어오는 끝내주는 전망이 있었다. 해를 보지 못한 아쉬움은 이미 바람과 함께 날아가 버렸다. 우린 바람 때문에 몸을 지탱하기 힘든 상황에서도 자세를 한껏 낮추고 최대한 버텼다. 찍는 사진마다 흔들려버렸지만 그래도 굳세게 셔터를 눌러 댔다.

　그때였다. 동쪽 지평선의 머나먼 구름 위로 무언가가 올라오기 시작했다. 믿기 어려울 정도로 거대하고 동그란, 바로 '달'이었다. 꿈인가…? 꿈이라기엔 내 볼을 찰싹찰싹 때리는 바람이 너무 매웠다. 코를 때려 오는 바람 덕에 콧물까지 줄줄 나고 있었다. 감격의 눈물까지 찔끔 나오다 말고, 금시에 바람이 나의 눈물을 훔쳐가 버렸다.

"오빠. 혹시 지금 이거 꿈이야…?"

"아니, 온정아. 꿈 아니야. 우리 지금, 월출을 보고 있어. 나도 도무지 믿기지가 않아."

살면서 월출을 이렇게 제대로 본 것은 처음이었다. 그것도 해를 보러 왔다가 말이다. 우린 할 수 있는 최대한으로 서로를 따뜻하게 껴안은 채, 낮게 깔린 구름 위로 달이 천천히 떠오르는 모습을 감상했다. 거세게 부는 바람마저도 황홀하게 느껴지는 순간이었다.

새삼 지구가 둥글다는 사실을 실감했다. 우주의 별들은 회전을 하고, 해가 지면 달이 떠오르는 것은 누구나 알고 있는 세상의 진리이다. 하지만 당연하다고 생각해 온 그 일에는 인생의 진리 또한 담겨 있었다. 지는 해만 바라보고 있다 보면 바로 뒤에서 이토록 찬란하게 빛나며 떠오르는 달을 놓쳐 버릴지도 모를 일이다. 한 면만 기대하고 살아간다면, 해가 져버리는 순간 실망할 것이다. 지나가 버린 과거에만 집착하고 살아간다면, 이미 보이지도 않는 해가 남긴 붉은 자욱들만 응시하다가 결국은 깜깜한 밤을 마주해야 할 것이다. 반면에 시선을 돌려 주변을 돌아보면 다른 행복이 우리를 기다리고 있을지도 모른다. 그렇게 반대편에 뜨는 달을 바라보다 보면, 언젠가는 분명히 우리가 기다리던 해를 만날 수 있을 것이다. 인생은 돌고 돈다는 것. 그 진리를 다시 한번 새기게 되었다.

이번 여행을 하며 '혹시 내가 꿈을 꾸는 게 아닐까?'라는 생각이 들었던 순간이 몇 번 있었다. 모뉴먼트 밸리에서 일출을 보았을 때, 와입만에서 예상치 못한 풍경을 만났을 때. 그리고 이곳, 트윈 픽에서 커다란 달이 떠오르는 장면을 봤을 때였다. 지금껏 살아오며 "이게 꿈이야, 생시야?"라고 말한 적은 종종 있었다. 하지만 이토록, 내 눈앞에 펼쳐지는 일이 진정 믿기지 않았던 적이 몇 번이나 있을까. 내 마음속 어딘가에서 '영화「트루먼쇼」의 주인공처럼, 혹시 내가 TV쇼의 세트장 안에 있는 것은 아닐까. 제작자들이 공들여 만들어 놓은 풍경을 보고 있는 것은 아닐까?'라는 엉뚱한 의심이 모락모락 피어오를 정도로, 정말 그럴 정도로 현실이 믿기지 않는 순간들. 난 이제 막 결혼을 하고 신혼여행에 와서 그렇게 인생에 손꼽을 만한 순간들을 남편과 함께하고 있었다.

"오빠. 우리가 앞으로 남은 일생을 함께하면서, 이렇게 특별한 순간들이 종종 찾아왔으면 좋겠다."

"분명 그럴 수 있을 거야. 매 순간 특별하게 살자, 우리"

금방이라도 감기에 걸릴 것 같았기에 달이 어느 정도 높이 뜬 뒤 우리는 차 안으로 들어가 몸을 녹였다. 그리고 샌프란시스코 건물들에 하나둘 불이 켜지는 것을 지켜보다가, 완연한 밤이 찾아오자 다시 나가서 그 야경을 감상했다. 역시나 샌프란시스코의 낭만은 바람에서 시작하여 바람에서 끝나고 있었다.

감동의 트윈 픽을 뒤로하고 우린 숙소 근처로 돌아와 한 주차 타워에 차를 세웠다. 짙게 깔린 어둠이 무서워 호텔까지 총총총 걸어가던 우리에게 작은 구멍가게가 눈에 들어왔다. 그곳을 지나 차이나타운 입구에서부터 시작되는 언덕길을 오르려다 말고 우리 둘은 동시에 그 가게를 다시 돌아보았다. 그 후 눈을 마주치고는 서로의 생각을 읽어 내고 웃었다.

"마지막 밤인데 맥주 한잔 정도는 해 줘야지!"

그렇게 우린 500mL나 되는 큰 맥주병을 하나씩 들고 숙소에 들어왔다. 테이블도 없이 좁아터진 호텔에서 우린 침대 위에 아빠 다리를 하고 앉아 감자칩 봉지를 펼치고 건배를 했다. 소박하지만 더할 나위 없이 좋았다. 나는 조금 알딸딸해진 상태로 수첩을 열고 지난 여행을 돌아보며 일기를 썼다. 어느 한순간도 빠뜨릴 구석이 없었다. 우린 울고 웃었던 그 기억들을 떠올리며 벌써부터 아련해졌다. 그 어느 때보다 완벽한 마지막 밤을 장식한 우리는, 이 세상 가장 행복한 사람이 되어서는 잠이 들었다.

\#22
마지막 풍경은 이토록 느리게 흘러가는데,

DAY 10

끝내 마지막 날이 와 버리고야 말았다. 그나마 다행이었던 것은 떠나는 비행기가 밤 12시라는 사실. 우리는 오늘 하루를 꽉 꽉 채워서 쓰기로 마음먹고는, 아침부터 부지런히 나와 대중교통을 타고 동쪽으로 향했다. 샌프란시스코 항구가 있는 동쪽에는 구경할 만한 장소들이 몇 군데 몰려 있었다. 우린 페리빌딩Ferry Building으로 가서 마켓도 구경하고, 바로 옆의 린콘 공원Rincon Park도 산책했다. 비록 마운틴뷰에 위치한 구글 본사는 못 갔지만 구글 샌프란시스코 지점 앞에서 기념사진도 남겼다. 마지막 날이라는 것을 알고 있기라도 한 양 하늘은 유독 어둑어둑했다. 금방이라도 비가 올 것처럼 말이다. 그 흐린 하늘 아래 쭉 뻗어 있는 회색빛의 베이 브리지가 무척이나 쓸쓸해 보였다.

산책을 마친 뒤 점심을 먹기 위해 시어스 파인 푸드Sears fine food라는 브런치 식당으로 이동했다. 1938년에 오픈한 곳이니 무려 80년이 된 집이었다. 우리나라에 원조 순대국밥이나 원조 닭갈빗집이 있는 것처럼 여기도 '80년간 대를 이어 온 브런치 원조 맛집!'이라는 입간판이라도 세워져 있어야 할 것만 같았다. 내부로 들어가 보니 오래된 식당답게 미국 특유의 아기자기하면서도 고풍스러운 분위기가 물씬 풍겼다. 우린 수제버거와 오믈렛을 주문해서 먹었는데, 왠지 미국의 한 가정집에 초대를 받아 식사하는 듯한 기분이 들었다. 샌프란시스코에서의 마지막 식사로 아주 제격이었다.

남은 오후 시간에는 샌프란시스코 서쪽으로 이동해서 해안가를 따라 남쪽으로 쭉 내려가기로 결정했다. 친구들과 국내 해안도로를 여행한 경험이 있는 남편의 제안이었다. 숙소에 들러 짐을 챙긴 뒤 주차장에 가서 차를 탔다. 그리고 북서쪽을 향해 달려서 바다 여행의 시작점이 될 수트로 배스Sutro Baths라는 곳에 다다랐다. 그곳에 도착한 우리는 다소 놀랄 수밖에 없었다. 그저 별생각 없이 구글 지도에서 북서쪽의 꼭짓점을 찾아간 것이었는데, 이곳도 하나의 명소였던 것이다.

"우와, 온정아! 여기 좀 봐! 배스라는 이름이 진짜 욕조 모양이라서 붙여진 건가 봐!"

예상치 못했던 풍경에 남편은 호탕한 웃음소리를 내며 말했다. 그 말에 나 역시 감탄 섞인 목소리로 답했다. 우리의 웃음소리가 바람을 타고 날아가 공중으로 빠르게 흩어졌다. 여행의 마지막 날 우연히 마주한 풍경만큼 소중한 것은 없었다. 그래서 우린 그 소중한 순간을 열심히 마음속에 담았다.

그렇게 우린 수트로 배스에서부터 본격적으로 해안도로 드라이브를 시작했다. 남쪽으로 주욱 내려가서, 약 40분 거리에 있는 하프문베이Half Moon Bay 지역의 해변까지 가 볼 생각이었다. 달리는 길 내내 오른쪽 차창 너머로 어마어마한 규모의 바다가

격하게 넘실거리며 그 기세를 자랑했다. 침울했던 날씨도 언제 그랬냐는 듯 다시 쾌청한 하늘을 드러내 주었다. 한 절반 정도 갔을까? 우린 유리를 스쳐 들어오는 따사로운 햇살에 몹시 나른해졌다. 여행 내내 불쑥불쑥 찾아오는 이 졸음을 피하려 애써 왔지만, 오늘은 굳이 그러고 싶지 않았다. 그리하여 우린 쏟아지는 졸음마저 즐겨보기로 했다.

언덕 위의 주차장에 차를 세우고 보니 우리의 눈앞에는 유채꽃처럼 보이는 노란 꽃밭이, 그리고 그 꽃밭 뒤에는 끝이 보이지 않는 태평양이 펼쳐지고 있었다. 그 전망을 배경으로 우린 차 시트를 최대한 젖힌 다음 선글라스를 끼고 지그시 눈을 감았다. 백열등처럼 황금빛을 내는 태양과 노란 꽃들이 완성시킨 풍경에서, 이따금씩 바람에 살랑살랑 흔들리는 꽃 소리가 들려오는 듯했다. 따듯한 기운이 온 피부로 느껴졌다. '단잠'이라는 단어는, 나른한 시간에 한숨 푹 자고 나면 정말 혀에서 달달한 맛이 나서 생겨난 말이 아닐까? 생각보다 깊은 잠에 들었다가, 깨어나서 음냐음냐 입을 다셔 보니 정말이지 입에 꿀을 머금은 양 달콤했다.

한결 개운해진 우리는 이윽고 하프문베이로 향했다. 하프문베이. 이름이 참 아름다운 곳이다. 우리는 그 지역에 있는 해변 여러 군데를 들러 본 뒤, 가장 마음에 드는 포플러 비치Poplar Beach에서 시간을 보내기로 했다. 투박한 절벽산 앞에 펼쳐진 광활한 모래사장과 바다는 한치의 꾸밈없는 자연의 모습 그대로였다. 아

무런 건축물도, 그 흔한 노점상조차도 보이지 않는 해변은 난생처음이었다. 절벽, 모래, 바다, 사람. 그것이 이곳의 전부였다.

우린 절벽 아래의 좁은 그늘에 담요를 깔고 그 위에 앉아 양말을 벗은 뒤 모래의 감촉을 느꼈다. 그러고는 발가락을 꼼지락 꼼지락 거리며 바다를 감상했다. 거친 야생의 미를 뽐내는 바다와 그 앞을 지나가는 사람들만 바라보고 있어도 시간이 훌쩍 지나갔다. 다양한 사람들을 볼 수 있다는 것, 미국 여행의 큰 묘미 중 하나이다.

바다와 멀찍이 떨어진 그늘에 자리를 잡은 우리와 달리, 파도가 밀려들어 오면 금방이라도 덮칠 것만 같은 위치에 한 여자와 늠름한 개가 태양 빛을 맞으며 누워 있었다. 모래사장과 한몸이 되어 휴식을 취하던 그들은 지겨워질 때쯤이면 한 번씩 일어나 바로 앞에 있는 파도로 돌진하곤 했다. 눈부시게 빛나는 바다로 뛰어가는 그들의 실루엣은 그 배경보다도 반짝거렸다. 그 개는 두 다리가 없었다. 하지만 남은 두 다리만으로도 그녀와 아주 씩씩하게 바다를 뛰어다녔다. 이따금씩 바닷물이 튀기는 모습이 마치 청춘 영화의 한 장면을 보는 것만 같았다. 그 장면이 마치 슬로우 모션처럼 내 머리에 각인되었다.

그렇게 계속 앞쪽을 바라보며 쉬고 있는데, 이윽고 우리 눈앞에 말의 형태가 보이기 시작했다. 말? 웬 말…? 나는 눈을 비볐다. 모래사장을 거니는 말이라니. 이게 대체 무슨 일이지. 모자를 쓴 아저씨가 말을 타고서는 천천히, 아주 천천히 해변을 산책하고 있었다. 유럽 여행을 하며 관광용으로 채찍질당하는 말은 여러 번 본 적 있다. 아니면 제주도 초원에서 풀을 뜯고 있는 말 무리라든지. 그런데 주인과 함께 산책하는 말이라니, 살면서 이런 광경은 또 처음이었다. 왜 이리도 처음 보는 것들이 많은 건지. 그들은 세상에서 가장 평화로운 속도로 모랫길을 지나갔다. 어떠한 채찍질도 없었다. 그저 고삐를 잡고 방향만 잡아 줄 뿐, 그저 발길 닿는 대로. 그저 그렇게 느릿느릿.

그 여자와 개도, 그 남자와 말도, 서로가 진정한 친구처럼 보였다. '주인'이라는 단어를 쓰는 것이 어색할 정도였다. 우린 가만히 있어 오래도록 그들을 바라보며 여유를 즐기는 법을 배웠다. 천천히, 느리게, 가만히, 멍하니. 그저 발가락만 꼼지락, 꼼지락 움직이면서.

두 시간 정도 쉬었을까, 우린 이제 이번 여행의 마지막 자연을 찾아가기로 했다. 하프문베이에서 동쪽으로 가면 샌머테이오San Mateo라는 지역이 있다. 그곳엔 크리스탈 스프링스Crystal Springs라는 이름의 호수가 있는데, 이 길쭉하게 생긴 호수를 끼고 주욱 뻗어 있는 산책로가 하나 있다. 바로 소여 캠프 트레일Sawyer Camp Trail이라는 곳이다. 이 공원 역시 H가 가끔 찾아가서 책도 읽고 여유도 만끽하는 장소로, 현지인만 알 수 있을 만한 숨겨진 명소였다.

20분가량 마을들과 예쁜 산길을 지나 그곳에 도착했다. 그리고 우리는 구불구불한 오솔길을 따라 걸으며 호수와 그 건너편의 산을 바라보았다. 사람들이 저마다의 모습으로 우리 곁을 스쳐 갔다. 한 남자는 화려한 성조기가 그려진 반바지인지 사각팬티인지 정체를 알 수 없는 하의만 입은 채 조깅을 하고 있었다. 한국이라면 게임에서 진 뒤 반칙으로 사용될 만한 의상인 것 같은데. 역시 각자의 개성을 존중하는 미국다운 모습이었다.

　　천천히 걷던 우리는 이내 벤치에 앉아 그 고요한 풍경을 감상하기로 했다. 수면 위로 태양이 투영되어 은빛으로 눈부시게 찰랑거렸다. 내 앞에는 갈대가 바람에 따라 흔들거리며 시선을 사로잡았다. 아, 정말이지 평화로운 오후였다. 눈동자 앞에 상영되고 있는 피사체들은 그저 느리게만 지나갔다. 세상이 거의 멈춰 버린 듯, 아주 천천히.

　　이대로 이곳에 계속 머물고 싶다는 생각이 솟구쳤다.

　　"오빠, 우리 여기서 살자. 그냥 돌아가지 말자. 응?"

　　급기야는 그에게 떼를 쓰기 시작했다. 얼토당토않은 소리임을 잘 알고 있었다. 그저 이곳이 이번 여행의 마지막 목적지임이 점점 뚜렷해졌기에, 곧 열흘간의 여정과 작별해야 한다는 사실이 피부로 와닿았기에 억지스러운 생떼라도 써야 할 것만 같았다.

　　"온정아, 나도 진심으로 여기서 살고 싶다. 이런 공기 좋은 곳에서, 이런 여유로운 곳에서, 이런 자유로운 곳에서"

　　남편도 아쉬운 마음에 울상이기는 마찬가지였다. 샌프란시스코의 필수 코스인 케이블카도 타지 못했고, 그 유명한 실리콘 밸리도, 롬바드 스트리트도, 소살리토도 가지 못했지만 남편은 오히려 이번 여행에 매우 만족했다. 관광객들은 잘 모르는 우리만의 장소들이 생겼기 때문이리라.

느리게 흘러가는 풍경과는 다르게 시간은 빠르게 흘러가 버렸다. 우리는 아름다운 그곳을 등지고 떠나야만 했다. 근처에서 간단히 저녁을 먹고, 마트까지 들르고 나니 해는 저물기 시작했다. 공항 근처의 아마존 락커에 들러 우리의 시계와 친구 P의 선물을 무사히 찾은 뒤, 렌터카를 반납하러 갔다. 샌프란시스코에서 빨리 떨어지기 싫은 우리의 마음을 알았던 것일까. 렌터카를 반납하는 과정이 순탄치 않아 한참이 걸렸다. 겨우 마무리를 지은 뒤 공항으로 가는 셔틀버스에 급히 올라탔다. 자연 속에서 그렇게나 여유를 부렸건만. 마지막에는 서둘러서 이곳을 떠나야 한다는 사실이 못내 아쉬워 우린 아무 말도 하지 못한 채 흔들리는 버스에 몸을 맡겼다.

그렇게 5월 1일의 밤.

끝내 샌프란시스코 공항에 도착하고야 말았다. 괜히 왈칵 눈물이 날 것만 같았다. 머릿속에서, 해변의 모래알 반짝이듯 여행의 모든 순간들이 반짝였다. 커내브에서 본 밤하늘이. 돌기둥 사이로 올라오던 붉은 태양이. 소란스럽게 내 얼굴을 파묻던 남편의 등판이. 샌프란시스코에 떠오르던 거대한 달이.

"오빠, 우리 언제 또 갈까?"

신혼여행을 다녀오고 난 뒤로 나는 그에게 시도 때도 없이 물었다. 결혼 후에도 꽤 여러 군데 여행을 다녔고 모든 여행이 좋았지만, 그와 비교해 보아도 우리에겐 단연코 미국 여행이 제일이었다. 사실 미국이라서 최고인 건지 신혼여행이어서 최고인 건지 혹은 할 말이 참 많은 여행이어서 최고인 건지는 잘 모르겠다. 어찌 됐든 우리는 앞으로 다른 여행지는 포기하고 미국 여행만 가도 좋겠다는 결론을 내렸다. 겸사겸사 갈 때마다 샌프란시스코를 경유하여 H를 만나자는 계획을 세우기도 했다. 비록 코로나바이러스 때문에 무한정 미뤄지는 중이지만.

10박 11일 신혼여행을 갔다가 한국에 돌아온 날은 나의 생일이었고, 우리는 열세 시간 비행을 마친 뒤 무거운 짐을 끌고 신혼집이 아닌 친정집으로 직행했다. 집 문을 열자마자 가족들의 포옹과 환영을 받고는 테이블 위에 빽빽하게 들어찬 따듯한 엄마표 만찬과 케이크를 먹었다. 가만히 머무르다가 내 방에 들어가서 자면 될 것 같은데. 왠지 손님이 된 것 같은 친정집 공기에 왠지 섭섭하기도 했더랬다. 생일 파티가 끝난 뒤 부모님은 곧바로 우리의 등을 떠밀며 신혼집으로 보내셨다. 그렇게 우리는 정신없이 새로운 집에 입성했다.

'아…! 이제부터 여기가 우리의 집이구나!'

20년 남짓 된 아파트. 결혼 전 최대한 준비를 한다고 했으나 여전히 채워야 할 것이 많은 집이었다. 몸을 누일 침대는 있었지만 새벽부터 쏟아지는 햇살을 막아 줄 커튼은 아직 없었고, 서재로 꾸밀 예정인 큰 방은 아직 짐짝이 널브러진 창고와도 다름이 없었다. 비록 완성되지 않았더래도 함께 서툴게 꾸며 놓은 신혼 집은 아늑해 보였다. 우리의 취향에 맞게 고른 카키색의 패브릭 소파와 나무 재질의 가구들이 포근한 느낌을 더해 주었다. 남편은 이곳에 결혼 한 달 전부터 먼저 들어와서 살고 있었지만, 나에게는 마치 여행의 연장선처럼 이 공간이 새롭고 또 조금 어색하기도 했다. 하지만 그렇게 울렁대는 감정을 차곡차곡 정리할 새도 없이 대충 접어 둘 수밖에 없었다. 부지런히 여행 짐을 풀고 다음 날 아침 바로 출근을 해야 했기 때문이다.

그렇게 결혼이라는 큰 이벤트를 치르고 나서 한동안은 그저 그 후에 뒤따르는 일들에 충실하기 바빴다. 출근도 해야 하고, 집도 채워야 하고, 집들이도 해야 하고, 두 배로 늘어난 가족 행사도 챙겨야 하고…. 샌프란시스코에서의 마지막 밤 수첩에 적어 내려간 우리의 이야기는 항상 식탁 위에 올려져 있었지만 나는 쉽사리 글을 쓸 엄두를 내지 못했다. 그저 중간중간 신혼여행 사진을 보며 그때의 감정과 기억을 연장시켰을 뿐. 그러다 딱 1년이 지나고 난 뒤, 그제야 퇴근 후 노트북을 열어 이 이야기를 적어 나가기 시작했다. 서재 책상에 앉아 글을 쓰다 말고 나는 종종 눈을 감았다. 시간이 흘렀음에도 꽤나 또렷한 그때의 기억들이 캄캄해진 나의 시야 앞에 펼쳐지곤 했다. 눈만 감았을 뿐인데 피식- 웃음이 나기도, 또 주르륵 눈물이 나기도 했다. 조금 뿌연 기억들은 되새기면 되새길수록 그 초점이 맞아지며 점차 선명해졌다. 그렇게 열흘 남짓 되는 시간을 한순간, 한순간씩 잘게 쪼개어 더듬어 나갔다. 글을 쓰다 보면 자꾸만 마음이 찌릿찌릿해져 버려서 잠에 들지 못한 날도 수두룩했다.

오랜 시간 여행 작가를 꿈꿔 왔다만 이렇게 신혼여행기로 첫 에세이를 낼 줄은 몰랐다. 하지만 '신혼여행'이라는 액자 안에 로맨스뿐만 아니라 여행에 대한 견해, 그리고 나 자신의 인생을 담았기에 첫 에세이로 제격이라는 생각이 든다. 어디에 중점을 둘지 열심히 저울질하며 수평을 맞춘 결과 『미서부, 같이 가줄래?』가 탄생한 셈이다. 언젠가는 다시 그와 함께 애리조나의 광활한 땅덩어리를 밟을 그날을 고대해 본다. 그 역시 신혼여행 못지않게 멋진 여행이 될 거라고, 믿어 의심치 않는다.